I

Scalp Hair Cut

진태연 · 손지연 · 조성태 · 곽형심 · 윤복연

청구문화사

머리말

혹자들은 21세기를 전문가 시대라고 말한다. 전문가 시대는 다변화되고 새로운 기술과 감각이 요구되는 시대이다. 헤어커트 분야도 물론 예외는 아니다. 따라서 기존의 전달식 기능에만 의존할 것이 아니라 체계화된 학문적 기초와 기술을 바탕으로 새로운 교육시스템의 도입과 함께 양질의 교육자료에 대한 연구를 확립할 필요가 있다.

최근에 미용장시험에서는 커트의 전문적인 용어에 의한 서술문, 그리고 구조그래픽의 정확한 독해 능력이 요구되고 있다. 이 책에서는 이에 대비할 수 있도록 이론을 바탕으로 간결하게 정리하고, 산업체에서 활용할 수 있는 실무적 지식을 담는데 역점을 두었다. 특히 저자의 실제경험과 산업체 실무자의 조언을 통해 커트의 원리와 적용방법에 주안점을 두고 실행하는 순서에 맞추어 구성하였다.

본 교재 Scalp Hair Cut I 에서는 모두 10장으로 나누어 내용을 정리해보았다.

제1장에서는 20세기부터 현재까지의 헤어디자인에 대한 역사를 이해함으로써 미래의 디자인을 예측해 보았다.

제2장에서는 Scalp Hair Cut의 의의, 제3장에서는 Hair Style을 연출하는데 있어서 필요한 디자인의 개념, 요소, 원리를 이해하여 과학적이고, 예술적인 헤어디자인에 대해 구사해 보았다.

제4장, 5장은 Scalp Hair Cut의 기초 이론과 커트 절차로서 헤어커트의 기본형태 및 구조그래픽 분석, 도구와 사용법, 두상의 기본 포인트 및 라인 그리고 헤어커트 실행에 앞서 체계적이고 논리적으로 커트절차에 대하여 설명해 보았다.

제6장, 7장, 8장, 9장은 One-length, Graduation, Increase layer, Uniform layer 순으로 이해하기 쉽게 구조그래픽을 기초로 커트절차를 분석하여 헤어커트 시술을 기술하였다.

제10장에서는 다양한 구조그래픽에 따른 커트절차 분석으로 구성되어 있다.

정리에 최선을 다하였으나 아직은 부족한 부분이 많음을 절감하게 된다. 이러한 점들은 앞으로 여러 선배제현들의 지도편달을 받아 지속적으로 수정 보완할 것을 약속드리며 출판을 위해 노고를 아끼지 않으신 청구문화사 이상태 사장님과 직원 여러분들께 깊이 감사드린다.

2015년 2월

저 자

목차

제 1 장

Scalp Hair Cut의 역사

1. 헤어커트의 역사
   1) 1900년대
   2) 1910년대
   3) 1920년대
   4) 1930년대
   5) 1940년대
   6) 1950년대
   7) 1960년대
   8) 1970년대
   9) 1980년대
   10) 1990년대
   11) 2000년대

제 1 장

Scalp Hair Cut의 역사

1. 헤어커트의 역사

B.C(기원전) 1900년경에 헤브라이(Hebrai)족의 추장이 죄인을 처벌할 때 두발을 삭발하고, 그 두발이 자랄 때까지 범인 자신의 죄를 뉘우치며, 속죄하도록 하던 유래로부터 헤어커트에 관한 역사는 시작 되었다. 그 후 여러 세기 동안 인류문화는 발달되고 이에 따라 부족간의 상호 협조로 생활의 향상도 있었지만, 분쟁도 많아 그 당시 머리에 부상을 입은 사람들의 두발을 삭발하고 치료하는 직분을 족장이 겸하게 되었던 것이다.

우리나라는 옛적부터 두발을 소중히 여기는 전통이 있는데, 이는 신체발부는 부모에게서 받은 것이니, 감히 훼손하지 않는 것이 효의 시작이라는 유교의 가르침에서 유래된 것이다.

서기 1895년 11월 17일 전 국민에게 삭발하라는 준엄한 단발령이 공포되기 전까지는 남녀 노소 모발을 길게 땋아 올리거나 내리는 형태가 일반적이였으나, 일본과 서양문물이 밀려 들어오면서 개화의 물결이 거세지자, 고종은 단발령에 솔선수범하여 가위를 든 안종호에게 세자와 함께 두발을 깎았으며, 내부대신 유길준은 고시를 내려 관리직들이 우선적으로 헤어커트를 하도록 하면서 우리나라의 역사는 시작되었다.

1) 1900년대

1900년도 초는 과학의 발달이 급속도로 이루어지면서 교통, 통신 등 여러 분야에서 획기적인 변화가 일어나기 시작한 시기이다.

이전까지 자기 주변의 사람들에게서만 영향을 주고받던 여성들이 영화의 등장으로, 대중 star의 make-up, hair style, fashion 등에 관심을 갖기 시작했으나 아직까지는 19세기 사회의 특징을 많이 가지고 있었으므로 그다지 큰 변화는 없었다.

우리나라는 조선 후기인 1895년, 일제가 단발령을 내림으로써 1901년 서울에 이발소가 등장하게 되어 헤어커트의 역사가 시작되었다.

남학생의 머리

2) 1910년대

문학사 하란사

20세기 사회에 가장 큰 변화를 가져다 준 사건이 바로 제1차 세계대전(1914~1918년)이다. 제1차 세계대전 이후의 서구는 정치, 경제, 문화적으로 현저한 변화를 겪으면서 현대의 특성을 지니게 되었다. 이 시기의 가장 큰 특징은 세계의 중심이 서구 Europe에서 신흥강국인 미국과 소련으로 넘어가게 된 것과 여성의 사회참여가 본격화되기 시작한 것을 들 수 있다.

여성의 hair style은 여전히 long hair를 많이 선호하였지만 예전보다는 덜 과장되게 부풀렸으며, 진보적 여성들 사이에서는 단발스타일이 나타나기 시작했다.

우리나라의 최초의 문학사인 하란사가 미국유학을 마치고 멋진 양장차림에 모자를 쓴 새로운 헤어스타일로 귀국해 화제를 불러 일으켰다.

3) 1920년대

1910년 이후 많은 나라들이 헌법으로 남녀의 동등함을 인정하기 시작해 여성들은 여성해방을 외치는 동시에 더 많은 권리를 요구하며 사회로 진출했다. 성적매력과 권위의 상징으로 틀어 올리거나 묶는 많은 시간을 소요하던 long hair style에서 단순하고 손질하기 쉬운 short hair style로 cutting하기 시작함으로써 헤어커트가 시작되었다.

단발머리(bob style)의 유행은 그 당시까지 긴 모발을 높이 올리고 있던 여성들에게 있어서 참으로 혁명적인 사건이었다. 그 당시 여성의 상징으로서 귀중하게 여겨지던 머리카락을 싹둑 자른다는 것은 상당한 용기가 필요했겠지만, 직업을 가지고 사회 진출한 독립 여성들에게는 단순하고, 활동적이며, 손질하기 쉬운 hair style이 필요했다.

우리나라의 대표적인 인물로는 당시예술가이면서 현대무용가인 최승희를 들 수 있다. 그녀의 헤어스타일은 샤프하고 심플한 이미지를 강하게 어필하여 보브 스타일의 대명사로 평가되었다.

최승희

4) 1930년대

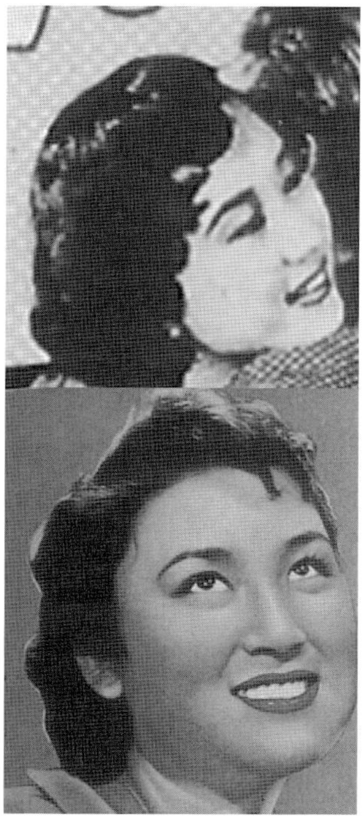

1930년대 펌

1930년대는 전쟁의 후유증이 아직 가시지 않은 상태에서 대공황(1929)이 전 세계적으로 파급되었다. 당시 불황이라는 시대적 상황에도 불구하고 여성들의 make-up과 fashion에 대한 관심은 여전히 계속되었다. 이는 불확실하고 어두운 현실에서 벗어나 도피하고픈 당시의 사회적 분위기를 반영한 것이라고 볼 수 있다.

permanent wave의 급격한 유행으로 wave형성이 쉬워졌다. 두상 상부에는 marcel wave를 하고, 하부에는 곱슬거리는 wave를 한 hair style, roll straight style 등이 미국의 Hollywood 영화배우들에 의해 유행하였으며 turban style도 함께 유행했다.

우리나라는 1930년대에 최초로 오엽주란 사람이 화신백화점안에 미용실을 개설(1933)하여 당시의 최신 유행을 전파하였다. 미용실과 펌 서비스의 등장은 젊은 여성들로 하여금 모발을 짧게 커트하고, 웨이브(wave) 스타일을 갖는 것이 선망의 대상이 되었다.

5) 1940년대

1930년대의 경기침체에서 조금씩 벗어날 무렵 Europe에서 다시 제2차 세계대전(1939~1945년)이 발발하였고, 산업전선에서 일하는 여성들은 전쟁의 어려운 생활 속에서도 경제권을 가지면서 make-up과 fashion, hair style에 대한 흥미와 노력은 계속되었다.

40년대의 헤어스타일의 특징은 다소 long hair style 보다는 medium의 짧은 hair style을 선호하는 경향도 있었는데, 옆 가르마나 앞가르마를 중심으로 front에 적당히 volume을 주어 세우고, wave를 줌으로써 부드럽고 자연스러운 이미지를 연출하였다.

1940년대 펌

6) 1950년대

Audrey Hepburn

2차 세계대전의 영향으로 50년대에서 60년대는 문화의 중심이 Europe에서 미국으로 옮겨지게 된다. 대중음악인 Rock'n roll이 크게 유행하면서 Elvis Presley가 새로운 대중의 우상이 된 시기가 바로 이때이다. 또한 color영화, TV, camera가 등장함과 동시에 미국 Hollywood의 영향으로 color의 중요성이 더욱 부각된다.

1950년대 10대 소녀들은 긴 머리를 ribbon을 이용해 묶어 아래로 드리운 pony tail 스타일이나, 53년 영화 「로마의 휴일」에서 Audrey Hepburn이 보여준 「Italian boy」라는 짧은 hair cut이 「Hepburn style」로 불려지면서 유행하였다. 경쾌하고 boyish한 느낌의 이 짧은 헤어스타일은 프린지 모발를 짧게 잘라 이마에 내려붙인 깜찍하고 실용적인 style이였다.

7) 1960년대(현대적 Sassoon hair cut의 시작)

1960년대에 생활양식이 복잡해지고 여성들의 활동영역이 다양해짐에 따라 mini skirt와 함께 자연스러우면서도 간결한 hair style이 여성들 사이에서 받아들여졌다. 지금까지의 iron과 set에 의한 단단한 wave 구성에서 서서히 blow dryer란 새로운 기구와 hair cut에 의해 유연하고 자연스런 머릿결의 움직임이 있는 가벼운 wave style이 나왔다.

이 자연스러운 hair style은 미용사 Vidal Sassoon이 창작한 기하학적(geometric) hair cut으로서 전 세계적으로 유행하였다. 이전까지 hair의 흐름은 자연스러움이 아닌 조형적인 아름다움을 강조한 setting과 back combing을 중심으로 한 양감있는 style이였지만 Vidal Sassoon이 창작한 각도에 의한 기하학적인 cut은 모발의 자연스러운 움직임을 살린 새로운 경지의 cut이였다.

또한 그는 mini scissors, hand dryer, denman brush라는 아주 조그마한 도구와 손가락만으로 미용혁명을 일으켰다. 60년대 이전의 hair spray로 고정시키는 hair style이나 roll brush에 의한 hair style로부터 scissors를 이용한 blunt cut로 변화시켜 부드럽고 자연스럽게 움직이는 모발을 창작해 내었다.

비달사순

Beatles

백조라인

8) 1970년대

1964년 월남전이 발발했고 이에 미국이 대대적으로 개입하면서 많은 희생자들을 낳았다. 이로 인해 인간성 상실을 경고하고, humanism을 강조하는 반전운동이 미국과 영국에서 일어나게 되면서 기존의 체제에 대한 불신과 저항문화가 확산되었다.

이 시대의 hair style은 상당한 다양성을 보여준다. Vidal Sassoon의 영향으로 cut boom이 절정을 이룸으로써 이전의 인위적인 분위기 보다는 대체로 자연스럽고 간결한 style이 유행했다.

미국배우 Farrah Fawcett의 자연스러운 바람머리 style에서도 잘 보여지고 있다. 또한 funk족의 등장은 파격적인 funk hair style을 등장시켰다. 이들은 주변사람들의 시선과 관심을 끌어 모으고 그들에게 겁을 주어서 자신을 과시하고 싶어 하는 가학심리를 충족시켜주기 위해 이상하고 혐오스런 문신과 형광 paint로 오색찬란한 make-up을 했고, 코나 입술을 뚫어 코걸이, 입술걸이를 달았다. 모발은 울긋불긋한 색깔의 spray를 뿌려 세운 빳빳하고 뾰족한 뿔 같은 모양의 hair style, 머리 양쪽을 극도로 바짝 자르기, 모발을 비비꼬아 세우기 등 funk족 자신들이 기존의 사회와는 전혀 다른 비사회적이라는 image를 이들의 hair style과 fashion으로 표현하고자 했다.

우리나라에서는 이 시기에 비로소 커트를 그냥 '모발을 잘라낸다'라는 개념에서 모발을 '각도의 개념을 가지고 기하학적으로 구성한다'는 개념으로 정립하게 되었다.

펑키족의 헤어스타일

비달사순의 크래시칼 보브

9) 1980년대

80년대는 전 세계적으로 고성장을 이룬 시기로서 향락주의, 개인주의, health 및 미용에 의한 자기관리 등을 특징적 요소로 들 수 있다. 이때에 성공과 pro의식을 중요시하며 경제적인 안정과 건강유지에 중점을 두는 Yuppies 계층이 등장하면서 몸매 가꾸기, make-up, fashion 등도 다분히 개인적인 성공이나 부를 표현하기 위한 수단으로 사용된다. 또한 동서 냉전체제의 균열, computer 산업의 발달로 인한 정보화 사회의 도래 등 80년대는 환경과 복지 등 풍요로운 삶의 질을 추구하는 시기였다. 국내에서도 color의 중요성이 더욱 커지면서 fashion이나 make-up에 있어서도 다양성과 개성을 중요시한 style이 강조되었다.

Hair style도 funk style의 영향으로 비대칭적이고 기하학적인 cut나 중성적인 style의 아주 짧은 cut이 등장했다. 80년대 후반으로 갈수록 hair style에 있어서 남녀 구분은 점점 없어져 갔다.

10) 1990년대

90년대를 대표하는 가장 큰 사회, 문화적 흐름은 'post-modernism'이라고 말할 수 있다. 80년대부터 시작된 post-modernism은 문학, 예술, 철학, 학문 전반에 걸쳐서 큰 영향력을 발휘했다.

Post-modernism의 가장 큰 특징은 '특정한 정형이 없다'는 것이다. 1990년대에 접어들어 컬러링의 확산은 헤어스타일은 물론 커트에 있어서 서도 각각의 개성에 맞는 스타일을 추구하도록 자극하였다.

솔리드(solid)한 느낌의 전통적인 커트라인(cut line)에서부터 가볍고 자유분방한 에어커트(air cut)까지 각각의 취향과 갖고자 하는 모발의 색에 따라 그 변화가 무척이나 다양하였고 대칭과 비대칭, 조화와 부조화에 대한 일반적인 개념을 깨뜨리기 시작하였다.

과거의 유행에서부터 현대의 유행에 이르기까지 모든 형태가 다양하게 표출되었으며 커트에 이용하는 도구 역시 가위, 레이저, 클리퍼를 중심으로 여러 형의 도구들이 등장하게 되었다.

자연스러운 웨이브

두상에 달라붙는 스트레이트

다양한 색의 모발염색

11) 2000년대(New Millennium 시대)

현재는 대중매체의 발달과 internet의 보급 등으로 인해 동서양의구분이 거의 없음을 알 수 있다. 또한 고객의 다양화와 개성을 중요시하면서 다양한 style이 서양의 경우와 마찬가지로 공존하고 있는 양상을 보여주고 있다. internet의 보급으로 전 세계의 문화권이 하나로 묶어지면서 기존의 시·공간개념을 바꾸어 놓았으며, 유행의 흐름도 빠르게 진행된다. 절대 섞이지 못할 것 같은 상반된 trend가 동시다발적으로 주류를 자처하며 등장하면서 소비자 취향의 다양화와 개성의 중시 문화는 fashion의 'multi화'를 불러왔다고 볼 수 있다.

자신만의 image와 개성을 중요시하면서, hair coloring으로 style에 다양한 변화를 주게 되었고, hair clinic에 대한 관심도 고조되고 있다. 특징적인 것은 hair fashion의 하나로 자리 잡은 hair coloring이 전체를 밝은 색으로 염색하기도 하고, 여러 가지 염색 technique으로 hair, make-up, 의상 등 전체적인 색감조화의 아름다움을 즐기는 total coordination의 개념으로 발달하였다.

제 2 장

Scalp Hair Cut의 의의

제 2 장

Scalp Hair Cut의 의의

헤어커트의 의의

우리의 눈을 통해서 어떤 형태를 보면 그에 반응하는 어떤 느낌을 갖게 되듯, 느낌은 자연을 비롯한 형태가 갖는 모든 것에서 영향을 받는다. 시야에 들어오는 것을 본다는 것은 보이는 대상물의 전체적인 조화를 한 눈에 직감적으로 느껴진다. 낯설은 것을 낯익게 전달됨으로써 발생되는 형태와 모양이 디자인 과정 속에서 새로운 형태나 공간구성의 가능성을 찾게 한다.

디자인이란 조형의 요소와 질서를 종합적으로 판단하고 그 위에 자신에 맞게 발전시키며, 공간구성의 조화미를 통해 감동을 전달시키는 과정이 예술에서의 이해이다. 따라서 두개골 공간인 영역을 구성하는 능력은 모발 디자인 분석의 이해로부터 발달하며 분석능력과 구성능력을 키워나가는 것이 학문적, 실무적 모발 조형예술 디자인이 된다.

Cut이란 "자르다"라는 것으로서 "짧게 한다"라고 하는 것이다. "짧게 한다"라는 것은 머리카락에 단차를 낸다는 것이며 cut 기술이라고 하는 것은 머리카락을 얼마만큼 잘라서 어느 정도의 길이를 남겨놓을 것인가 하는 "단차의 기술"로서 표현될 수 있다. Hair style에 따라서 어떤 때는 큰 단차가 필요하고 또 어떤 때에는 미소한 단차가 요구되는 경우도 있다. 이러한 "단차"의 여러가지 조합에 따라서 복합된 여러 가지 hair cut style이 창조되고 창작되는 것이다.

Cut에 관한 디자이너의 이념과 철학 또는 디자인 방향 속에서 기능적인 커트 절차를 통해 모든 디자인 요소를 선택하고 구성하는 기본 잣대가 된다.

제 3 장

Scalp Hair Design의 이해

1. Scalp Hair Design의 개념
2. Scalp Hair Design의 요소
   1) 형태(Form)
   2) 질감(Texture)
   3) 색(Color)
3. Scalp Hair Design의 원리
   1) 통일(Unity)
   2) 균형(Balance)
   3) 비례(Proportion)
   4) 리듬(Rhythm)
   5) 조화(Harmony)
   6) 강조(Emphasis)
   7) 대비(Contrast)

제 3 장

Scalp Hair Design의 이해

1. Scalp Hair Design의 개념

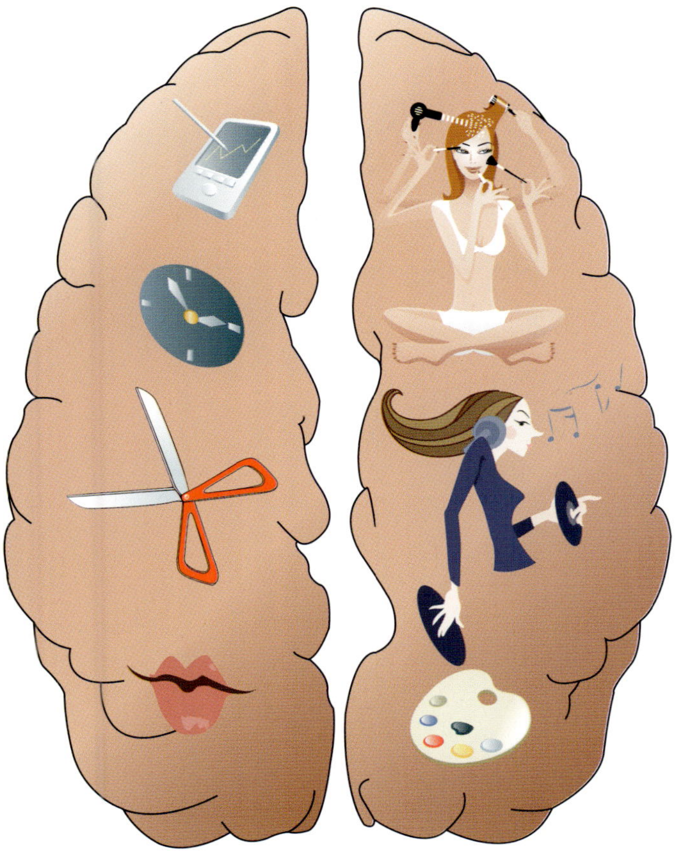

모발 디자인은 구조감 조성을 통해 표출되는 기법이다. 이는 미적 표현주의와 개성적인 미감표현으로서 조형적, 실용적 의미 등의 조건을 충족시킬 수 있는 디자인적 창조활동을 포함한다. 모발 디자인은 예술과 디자인의 속성을 포함하는 미용 조형예술로서 크게는 예술 창작과 디자인 표현의 조형 활동으로 구분된다.

두개피 내 모발(scalp hair)을 대상으로 기술적 활동의 소재로서 선(line), 모양(shape), 방향(direction) 그리고 질감(texture)을 이용하여 만든 예술이다. 특히 hair cutting은 hair style의 기초가 되고, hair design에서 매우 중요한 창작예술 분야로서 "헤어 조각예술(hair sculpture)"이라고 한다.

이와같이 hair design도 조각, 그림, 무용, 음악, 건축과 같은 예술의 한 형태로서 각각의 design은 창조적 구성요소인 예술적, 과학적 개념을 포함하고 있다.

Designer로서 균형 잡힌 시각을 갖기 위해서는 좌뇌와 우뇌 모두의 능력을 개발 시키는 것이 중요하다.

우뇌(예술적 재능)의 경우는 완성된 디자인을 행동이나 마음속으로 구상하는 사고가 필요하고, 좌뇌(기술적 재능)는 scalp hair cutting을 하기 위한 구조그래픽의 설계 그리고 커트절차를 논리적으로 분석하고 계획하는 사고 또한 필요하다. 그러므로 모발 조형은 안두개와 뇌두개, 두개피를 포함한 머리(head) 형태를 구체적으로 조형시키는 가시적(visible) 창작표현이다.

2. Scalp Hair Design의 요소

디자인의 기본 요소인 형태(form), 질감(texture), 색(color)에 관하여 알아본다.

1) 형태(Form)

형태의 일반적인 개념은 구체적인 입체의 형체를 말하며 3차원의 볼륨(volume)으로 규정할 수 있다. 이러한 형태는 방향을 지니는 선의 결합으로 이루어지며 선은 점이 만들어 낸 소산이다. 조형 요소 중 점은 그 자체 내에 오직 하나의 긴장만을 지니고 있을 뿐, 전혀 어떤 방향도 갖고 있지 있다. 반면에, 선은 긴장뿐 아니라 방향에도 참여하고 있다

이렇게 방향을 갖는 선들은 고유한 운동성을 갖는데, 이는 천체축이라는 기호에 대입하여 알아볼 수 있다.

선에 따른 방향은 수평방향, 수직방향, 사선방향 등이다.

수평 방향은 중력과 잘 조화되는 것으로 휴식 상태에 있다고 할 수 있다. 이것은 고요하고 정적이며 조용한 분위기를 나타낸다. 수직방향은 활동성을 내포하고 있지만 평형과 균형을 암시하고, 강한 모습을 보여준다. 사선방향이나 대각선 방향은 비바람처럼 변화적이며 역동적이고 혹은 움직임을 연상케 하는 역동적 방향성을 나타낸다.

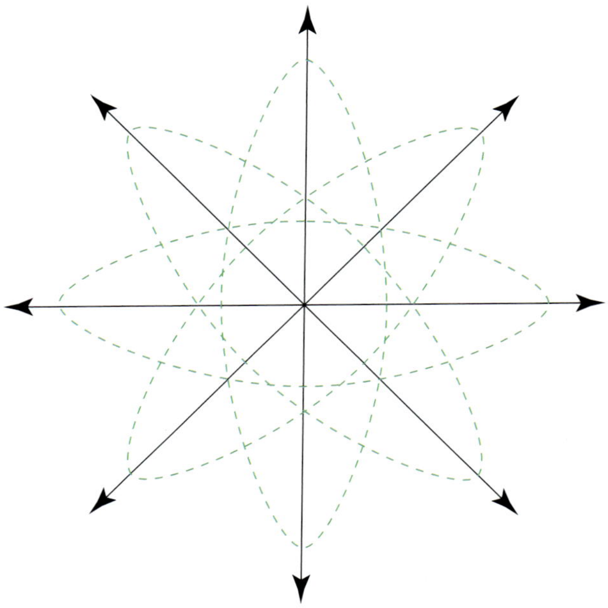

선의 이미지(천체축)

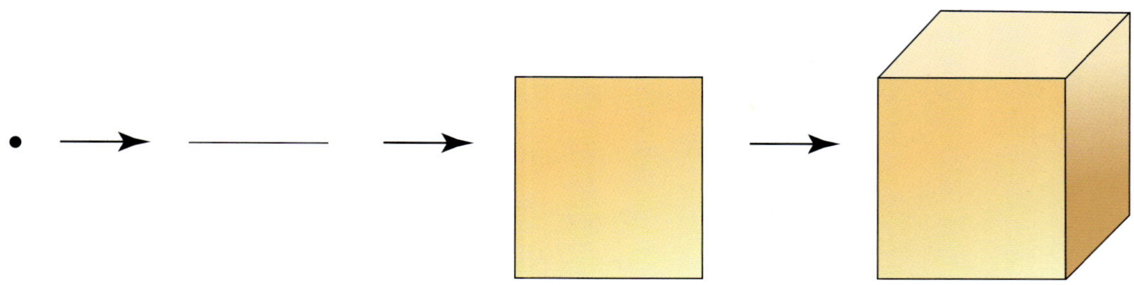

1차원 2차원 3차원

2) 질감(Texture)

질감은 형태, 색과 더불어 디자인의 필수 요소로서 촉각과 시각으로 느낄 수 있는 모발의 표면모습이다.

헤어커트를 분석함에 있어 표면질감은 매우 중요한 단서가 될 수 있다. 표면의 모발이 단차가 없고 특정 지역에 쌓여짐(무게감)을 보여주는 매끄러운 질감(un-activated)과 모발의 커트된 면이 겉으로 노출되는 거친 질감(activated), 그리고 매끄러운 질감과 거친 질감의 두 가지를 포함하는 질감의 혼합형(combination)이 있다.

매끄러운 질감(un-activated)

거친 질감(activated)

질감의 혼합형(combination)

3) 색(Color)

색채는 물체에 비추어진 빛이 반사할 때 얻어지는 시각적 효과로 디자인에 강한 영향을 준다. 색채는 가장 직접적인 표현요소이고 눈으로 보이는 모든 외양은 색의 밝기에 의해서 나타난다. 또한 색채는 형을 강조하는 기능을 가지고 있다. 색채는 생동감과 방향감에 대한 착각을 일으키게 하여 시선을 특정한 부분에 집중시키게 하며, 시각적인 착시 효과를 주어 형태는 그대로이지만 부피가 커 보이거나 작아 보이는 느낌을 갖게 한다.

3. Scalp Hair Design의 원리

헤어스타일을 표현할 때는 구체적인 계획이 필요하다. 각 부분 부분의 다양한 결합으로 특정한 효과가 표현되는데 이러한 구성 계획이 바로 디자인원리이다. 디자인 원리에는 통일, 균형, 비례, 리듬, 조화, 강조, 대비 등이 있다.

1) 통일(Unity)

통일은 디자인에서 부분과 부분, 부분과 전체 사이에 조화와 질서감을 부여하기 위한 것으로, 디자인 원리 중 가장 핵심이 되는 요소이다. 어떠한 디자인에 있어 한 요소를 반복함으로써 얻어질 수 있으며, 이러한 반복은 전하고자 하는 이미지를 명확하고 효과적으로 전달할 수 있다.

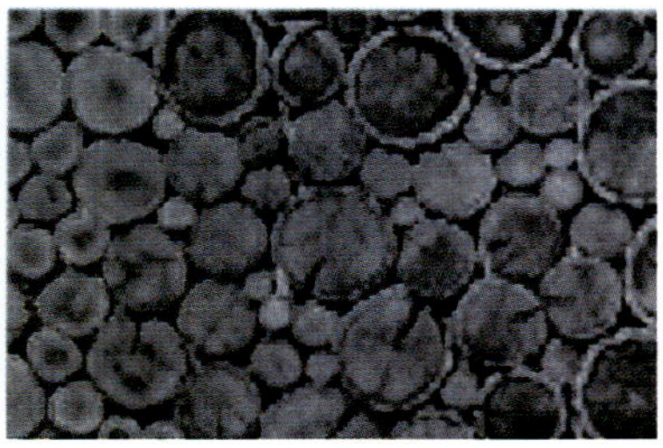

2) 균형(Balance)

균형은 시각적인 무게감의 동등한 분배를 의미한다. 우리가 지금까지 보아온 수많은 작품들은 의식적으로 균형을 잡아놓은 것들도 있지만 주제의 특성을 살리기 위해 불균형을 의도하는 작품들도 있다.

인간이 느끼는 균형감은 선천적인 것으로 사람은 어릴 때부터 신체의 균형 감각을 개발하게 되며 주위의 균형을 살펴보게 된다. 균형의 결여, 즉 불균형은 우리를 불안하게 만든다. 이러한 심리로 인해 불균형적이면서 대조가 되는 작품은 흥미를 자아내면서 이목을 끄는 유용한 수단이 된다.

대칭(Symmetry)

- 중앙의 수직 축을 중심으로 양쪽에 동일한 형태가 같은 위치에 반복됨으로써 균형이 잡힌 상태
- 통일감과 안정감을 얻기 쉬우나 딱딱한 느낌을 줄 수도 있다.

비대칭(Asymmetry)

- 중앙의 수직 축을 중심으로 좌우가 균등하지 않을 때 또는 상하를 기점으로 균등하지 않은 상태
- 같은 무게라도 그 양이나 부피가 근본적으로 다른 것을 말한다.

3) 비례(Proportion)

비례는 전체 형태와 부분 형태간의 양적인 비례를 포함하는 디자인 원리이다. 원래는 '비율, 분할'을 뜻하는 것으로 대소의 분량, 장단의 차이, 부분과 부분 또는 부분과 전체와의 수량적 관계가 미적으로 분할될 때 이를 '황금비'라고 한다.

많은 예술가들이 이러한 황금비를 이용하고 있으나, 시각적으로 주의를 끌고 형태를 주목하게 만들기 위해 변형된 비례감을 보여 주기도 한다.

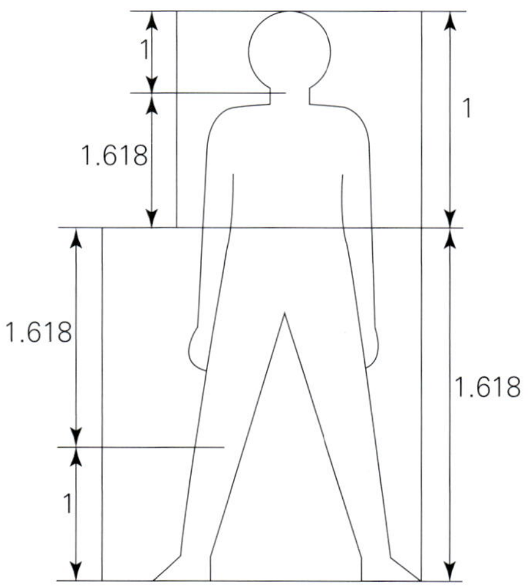

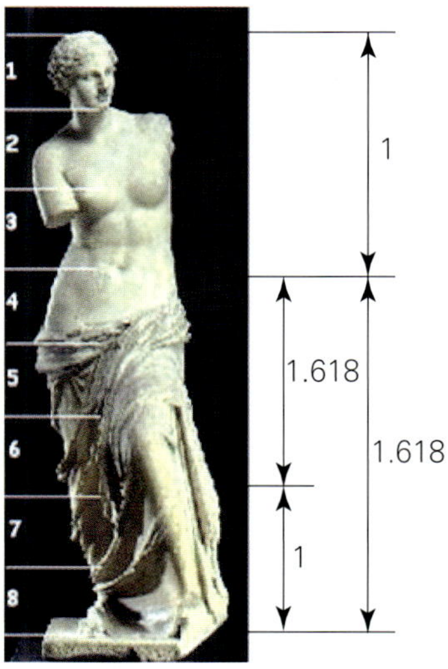

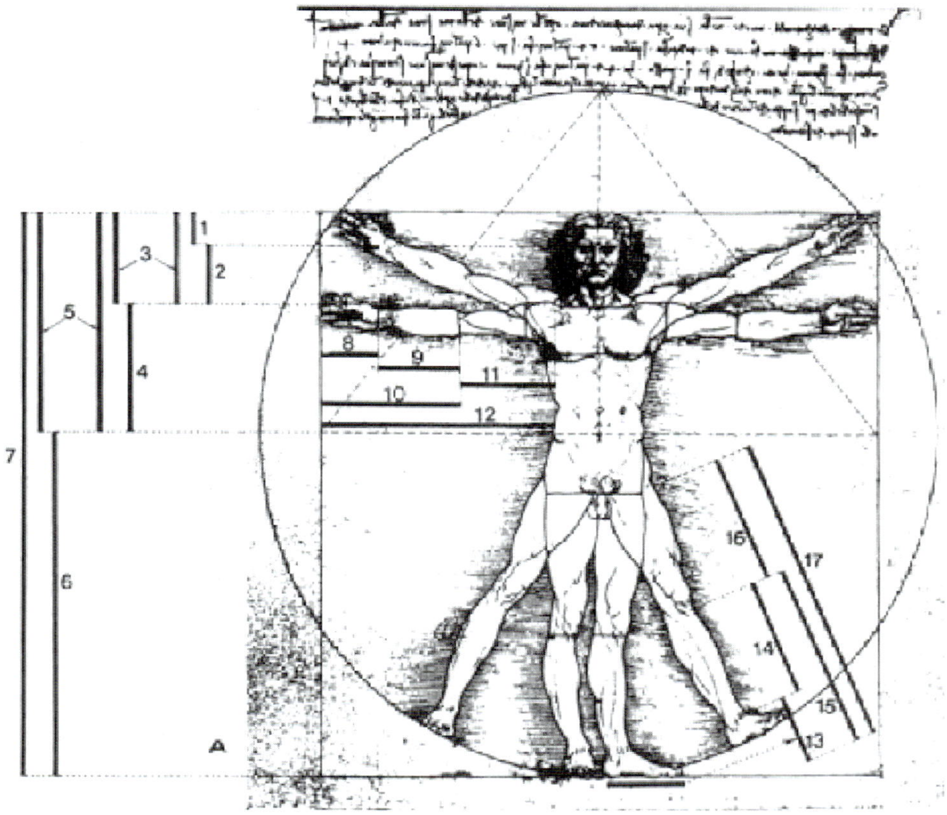

4) 리듬(Rhythm)

리듬은 각 요소와 부분 사이에 강한 힘과 약한 힘이 규칙적으로 연속될 때에 생기는 것으로 활기있고 경쾌한 느낌을 준다.

반복(Repetition)

동일한 요소나 대상 등을 두 개 이상 규칙적으로 배열시켜 시선이 이동하여 상대적으로 동적인 느낌을 줌으로써 율동감을 표현한다. 2종 이상의 요소를 교대로 반복하는 것은 교대(alternation)

점이(Gradation)

점이는 서로가 대조되는 양극단이 유사하거나 조화를 이루는 단계로 구체적인 흐름이 강조된다. 동적인 효과로 착시를 유도하기도 한다.

5) 조화(Harmony)

두개 이상의 여러 가지 요소들이 서로 분리되었으나 통일감을 이루며 높은 감각적 효과를 발휘하는 미적형식이다.

조화는 대비, 변화 요소를 가미하며 통일, 균형을 이루도록 하는 것이 조화라고 할 수 있지만, 이러한 원리들이 통합되어 전체적으로 안정감을 이루어 시각적으로 즐거움을 줄 수 있는 총체적인 의미로 파악하여야 한다.

6) 강조(Emphasis)

강조란 어떤 주변 조건에 따라 특정한 부분을 강하게 하여 변화를 줌으로써 얻어지며, 그렇게 강조된 요소는 그 무엇보다 주의를 끌며 사람들로 하여금 더 오래 주목하도록 만들어준다. 단, 모든 것을 다 강조하다 보면 결국 아무것도 강조하지 않는 셈이 되기 때문에 특정 부분을 강조할 때는 주의가 필요하다.

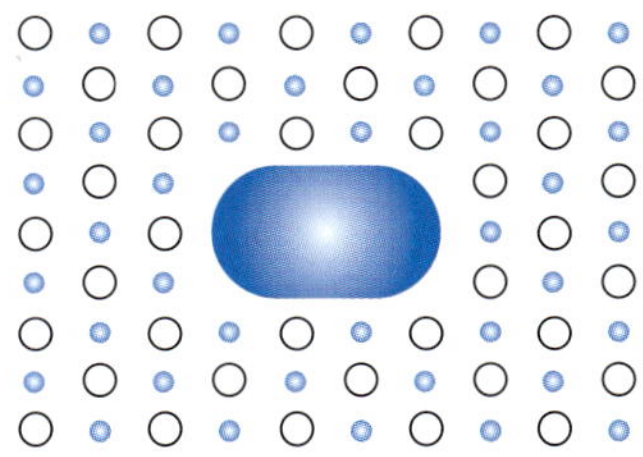

7) 대비(Contrast)

대비는 반대 혹은 거의 반대의 성질을 가진 배합으로 서로 다른 조합에 의해 생긴다.

시각적 흥미는 변화로 인해 생겨나므로 더 많은 변화를 가진 구성은 그만큼 더 흥미롭다 볼 수 있다. 서로 상이한 간격들은 변화를 가짐으로써 흥미를 만들어 내는 반면, 같은 간격들은 변화의 결핍으로 인해 단조롭고 흥미가 없다. 대비의 유형은 선, 방향, 형태, 위치, 공간, 질감, 중량감의 대비 등으로 분류할 수 있다.

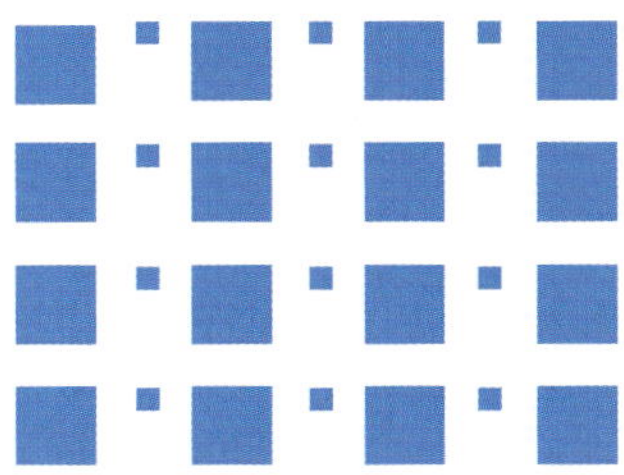

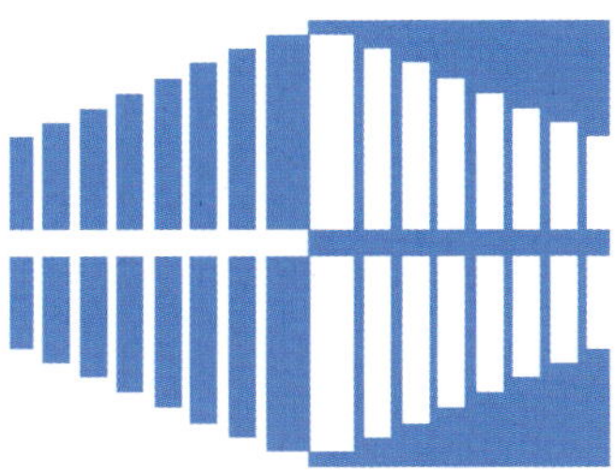

헤어스타일을 시술함에 있어 필요한 개념으로 디자인 요소에 대해 알아보았다. 이러한 이론들은 작품을 진행하면서 구체적인 방향제시를 해주며, 창의력을 더하는데 큰 도움을 줄 것이다.

제 4 장

Scalp Hair Cut의 기초이론

1. Scalp Hair Cut의 개념

2. Scalp Hair Cut 4가지 형태 분석

1) 원랭스형(One-length Form)
2) 그래쥬에이션형(Graduation Form)
3) 인크리스 레이어형(Increase Layer Form)
4) 유니폼 레이어(Uniform Layer)

3. 기본형태의 구조그래픽(Structure Graphic)

4. Scalp Hair Cut 도구 및 사용법

1) 커트에 필요한 도구
2) 그외의 기구

5. 두상의 기본 Point 및 Line

제 4 장

Scalp Hair Cut의 기초이론

1. Scalp Hair Cut의 개념

두상은 완벽한 구형이 아니라 서로 다른 각도의 곡면이 만난 구면체이다. 이러한 입체는 가로와 세로의 결합이라고 할 수 있다.

형태를 디자인함에 있어 두상의 곡면에서 세로간의 길이배열을 분석하면 원랭스(One-length), 그래쥬에이션(Graduation), 인크리스 레이어(Increase layer), 유니폼 레이어(Uniform layer)로 나눌 수 있다.

그리고 가로간의 배열인 형태선의 방향을 함께 고려해야 한다. 가로의 배열은 천체축을 대입하여 수평, 대각, 컨벡스(convex), 컨케이브(concave)로 나눌 수 있다.

형태를 디자인함에 있어 세로와 가로의 중요도는 대등하다. 즉 세로간의 길이 배열을 이해하고 있더라도 가로간의 배열 전개를 이해하지 못하면 의도와는 전혀 다른 형태가 시술될 수도 있다.

세로와 가로의 배열을 대입하여
다양한 형태로 만들 수 있는 **디자인 영역의 확대**

One-length

세로 배열		가로 배열
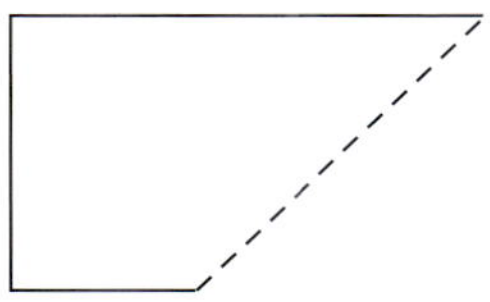	수 평	컨벡스
	대 각	컨케이브
	모 양	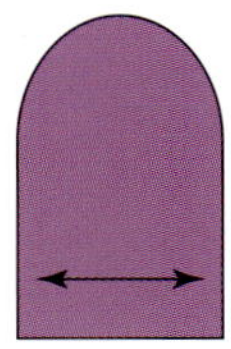

매끄럽고 무게지역이 있다.

Graduation

세로 배열		가로 배열
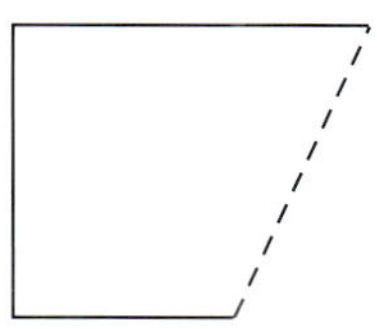	수 평	컨벡스
	대 각	컨케이브
	모 양	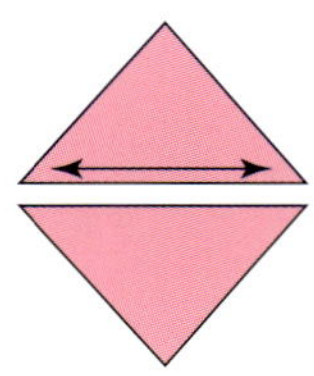

매끄러움과 거칠음이 혼합되어 있고 무게지역이 있다.

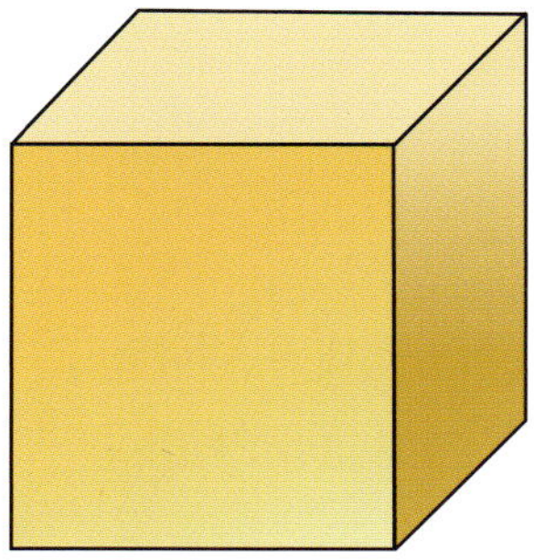

Increase Layer

세로 배열 | 가로 배열

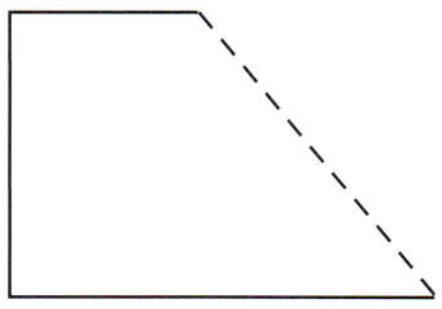

수 평 —— 컨벡스

대 각 —— 컨케이브

모 양

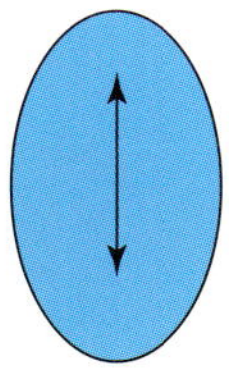

거칠고 무게지역이 없다.

Uniform Layer

세로 배열 | 가로 배열

수 평 —— 컨벡스

대 각 —— 컨케이브

모 양

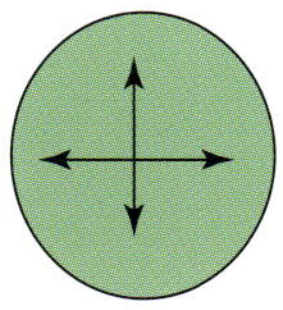

거칠고 무게지역이 없다.

2. Scalp Hair Cut 4가지 형태 분석

커트란 형태의 구성과 같다. 형태는 가로와 세로와 깊이감의 조합이다.

구면체인 두상에 가로의 형태선(디자인 라인)과 세로의 구조가 구면체인 두상에 결합되어 하나의 스타일을 갖는다. 이때 가로, 즉 형태선은 두상의 햄 라인에 영향을 받으며 세로, 즉 구조는 두상의 골격에 영향을 받는다. 두상의 형태를 분석함에 있어 무게지역과 질감을 확인하는 것도 매우 중요하다. 또한 헤어커트는 단독형 또는 혼합형으로 조합되어 하나의 디자인을 만든다. 각각의 형태는 서로 다른 질감과 모양을 가지고 있으며, 두상의 단점을 보완해 주고 개성을 부여하는 역할을 하게 된다.

무 게

중력방향으로 모발을 빗어 내렸을 때 특정 지역에 모발이 쌓여 겹쳐지면서 생기는 확장감

One-length

Graduation

Increase Layer

Uniform Layer

1) 원랭스형(One-length Form)

One-length form이란 모발의 내측과 외측의 단차가 없는 것, 즉 두피에서 자연스럽게 내린 상태에서 자연시술각 0°로 동일한 직선상(guide line)에 맞추어 커트하는 것으로서, 이를 Solid form(솔리드형)이라고도 한다.

이 style은 모든 모발이 단차가 없이 동일선상에 있으므로 nape의 hair가 짧고 위쪽으로 올라갈수록 점점 길어진다. 따라서 out line에 무게감을 형성하고 강한 느낌을 준다. 또한 수평 line, 사선 line, 그리고 곡선 등 다양한 shape을 연출할 수 있다.

보통 원랭스형 커트의 out line(형태선)은 4가지 패턴으로 분류한다.

(1) 스트레이트 보브(Straight Bob, 평행 보브형)

네이프 라인(nape line)의 모발 끝을 기점으로 커트라인이 수평으로 일직선인 스타일이다.

(2) 컨벡스 라인(Convex Line, 앞올림형)

커트라인이 네이프 라인보다 사이드 모발이 짧아지는 일직선인 스타일이다.

(3) 컨케이브 라인(Concave Line, 앞내림형)

커트라인이 네이프 라인보다 사이드 모발이 길어지는 일직선인 스타일이다.

(4) 머쉬룸(Mushroom, 버섯형)

커트라인이 얼굴 정면에서 네이프 라인과 일직선인 스타일이다. 특히 프린지에서 네이프까지 경사 기울기가 급격하다.

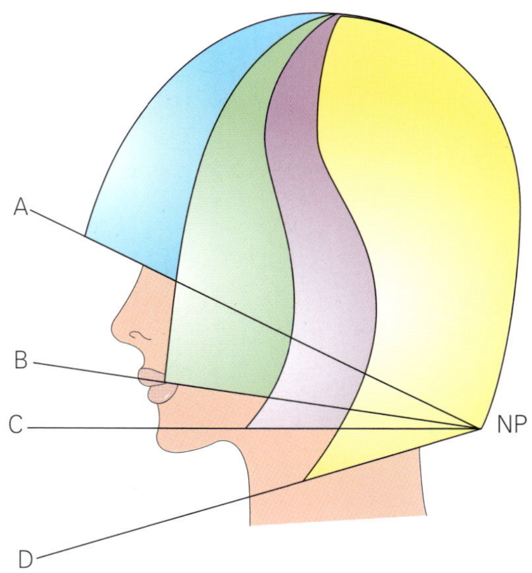

· A~NP : 머쉬룸(mushroom)
· B~NP : 컨벡스 라인(convex line)
· C~NP : 스트레이트 보브(straight bob)
· D~NP : 컨케이브 라인(concave line)

2) 그래쥬에이션형(Graduation Form)

Graduation이란 volume감을 유도하는 가장 대표적인 cut style의 명칭으로, 자연 시술각 0°상태(natural fall)에서 모다발(hair strand)이 겹겹이 쌓인 것처럼 미세한 단차를 가진 그래쥬에이션 스타일의 모양은 삼각형(triangular in shape)을 이룬다.

두상 상부의 모발이 길고 하부는 시술각의 변화에 따라 커트라인의 무게감이 흐르도록 디자인하여 라인에 볼륨감이 생기도록 디자인하는 것이 특징이다. 즉 구조 그래픽상 N.P에서 T.P로 길이 증가가 형성된다. 이때 높은(high), 중간(medium), 낮은 점진적 무게(low gradation)를 형성하는 시술각을 갖는다. 형태선의 방향감은 천체축의 여러 선(수평, 컨벡스, 컨케이브)을 응용할 수 있다.

다음은 모발 길이가 N.P에서 7cm 미만일 때 시술각에 따른 무게의 위치 변화이다.

(1) 낮은 시술각(Low Gradation)

로우 그라데이션(low gradation, L.G)은 하부 낮은 시술각(1°~29°)에 의해 형성되며 상부 무게감이 하부에 낮은 경사선을 유지한다. 무게지역의 외곽 위치는 더욱 낮아짐으로써 무게감은 더욱 증가한다. 따라서 후두융기 영역 하부에 무게를 형성하지만 원랭스와는 달리 형태선 위쪽에 외곽 무게지역이 형성된다.

(2) 중간 시술각(Medium Gradation)

미디움 그라데이션(medium gradation, M.G)은 중간 시술각(30°~59°)에 의해 시술되며 그 결과는 중간 정도의 무게감과 경사도에서 두개축의 중간 정도에 각도를 형성한다.

M.G는 두상상부와 하부의 두발길이에 있어서 겹침이 이루어지는 중간 적은 무게 지역의 위치는 H.G보다 아래 후두융기 위(on)에 위치하게 된다.

(3) 높은 시술각(High Gradation)

하이 그라데이션(high gradation, H.G)은 점진적 단차구성 형태 중에서 두상하부 높은 시술각(60°~89°)에 의해 높은 경사선의 각도가 형성된다. 두상에서 상부와 하부 두발에서의 길이 차이는 크지 않아 디자인 라인에서 적은 무게지역을 가지나 삼각구도의 무게지역은 높은 위치에 자리한다. 두발 길이 차이가 적어 자연분배시 상부 형태선의 두발 무게감이 융기(crest zone) 축에 형성된다. 즉 상부 두발길이의 비활동적 무게지역이 후두융기 위(over)에 나타난다. 이는 그래쥬에이션 형태가 갖는 3가지 무게 형태에서 가장 덜 무거운 무게지역을 형성한다고 볼 수 있다.

Low Gradation

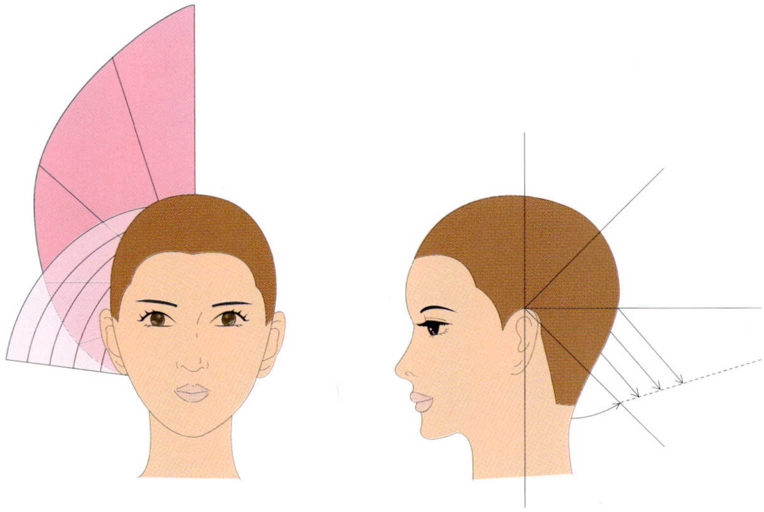

Medium Gradation

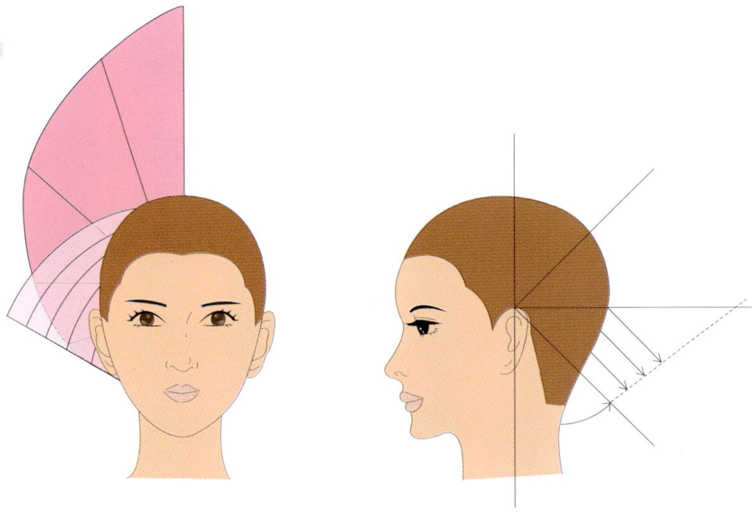

High Gradation

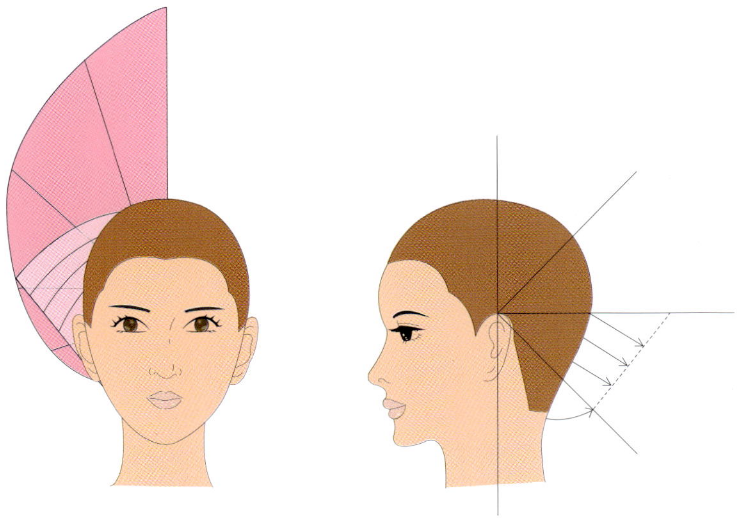

3) 인크리스 레이어형(Increase Layer Form)

레이어란 층, 겹침, 쌓임이란 뜻으로 두상 자체의 길이가 보완되는 길쭉한 타원형(prolate)을 갖는 레이어 형태로 구조상 두상 종축에서 상하의 길이배열로 보았을 때 상부(interior)에서의 두발 길이보다 하부(exterior)로 가면서 점점 더 길어지는 모양을 이룬다. 그러므로 두발 흐름은 두상 곡면을 따라 겹침없이 분산되어 무게감이 없는 반면 두발 길이에서의 활동적인 움직임은 크다.

인크리스 레이어드 형태(increase layered form)의 가시적 범위는 두상을 중심으로 90° 또는 그 이상의 각도를 이용하는 기법으로 두발 길이가 점차 길어지는 외적형태이다. 두상 내 모발 성장위치가 스스로의 모발 길이를 결정시켜준다. 전개도(hair sheet)인 구조 그래픽에서 모발 길이는 N.P~T.P로 level up 되면서 점차적으로 형태선 측의 두발 길이는 길어진다. 즉 T.P 또는 G.P나 S.P를 중심으로 어느 위치나 중심점(guide line)이 될 수 있다. 따라서 중심점을 기준으로 가시적 상태에서 모발이 흘러내리는 선은 점차 길어짐을 알 수 있다.

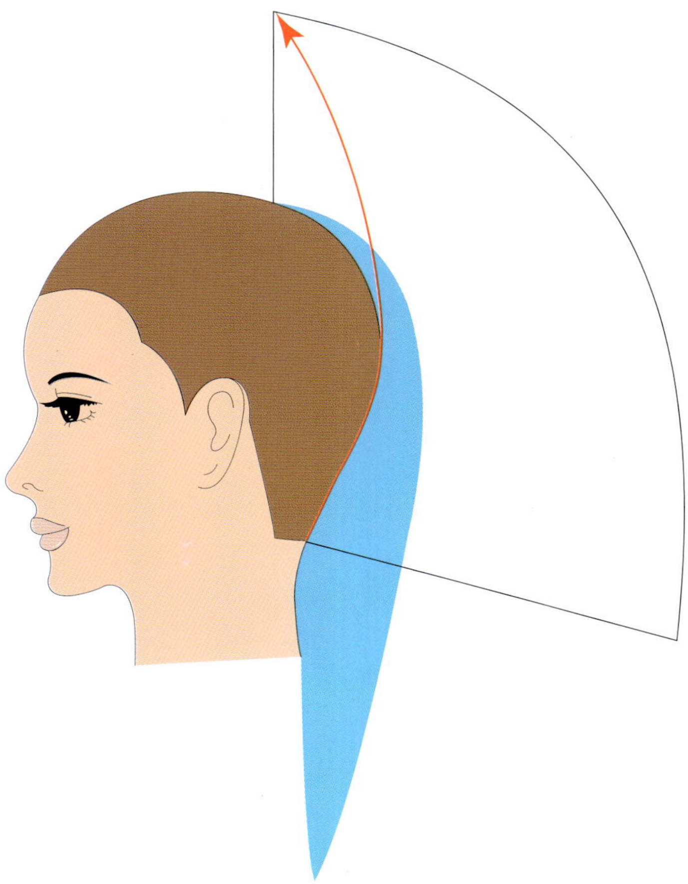

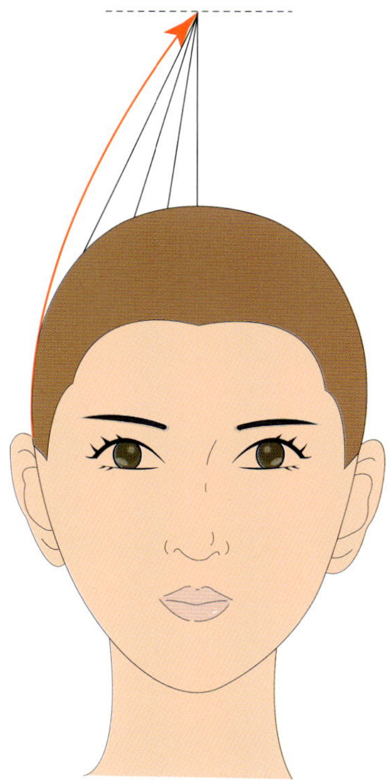

4) 유니폼 레이어(Uniform Layer)

두상에 대하여 위아래 모발길이가 동일하며, 가벼운 형태를 만들 때 주로 쓰이고 무게지역은 없다.

두상의 곡면과 평행한 커트형태로 볼륨감과 율동감을 부여한다.

유니폼스타일은 볼륨을 조절할 수 있는 이상적인 형이며 여러 계층의 연령에 대해 제한폭이 적다. 모량이 많은 부분에 가벼움을 줄 수 있으며, 쇼트커트의 이점을 살려서 변화가 풍부한 스타일을 만들 수 있다. 또한 동양인의 직모를 커버하기 위해서 레이어 커트 기법이 헤어스타일의 단점을 커버하는데 중요한 역할을 하며 베이직 레이어(basic layer), 세임 레이어(same layer)라고도 한다.

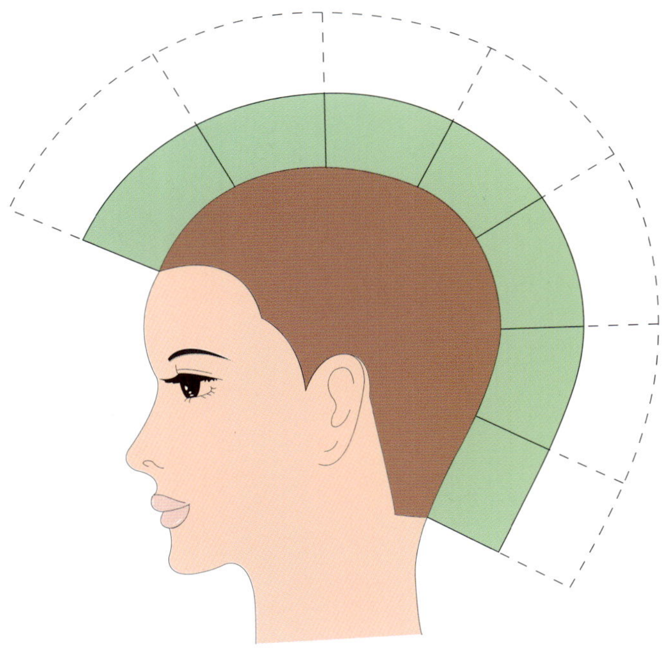

3. 기본형태의 구조그래픽(Structure Graphic)

구조그래픽이란 두상의 곡면으로부터 모발을 90°로 길이 배열한 그림이다. 이는 음악가의 음표와 건축가의 청사진처럼 헤어디자이너들이 소통할 수 있는 고유한 언어라고 볼 수 있다. 헤어커트에 있어 매우 중요한 단서가 된다.

형태를 알기 위해서는 자연 상태에서만 확인해서는 정확한 길이의 식별이 어렵다. 많은 질감처리가 되어 있거나 디스커넥션(disconnection)이 되어 있는 형태는 더욱 그렇다. 정확한 길이의 파악을 위해 두상에서 모발을 들어보아야 하는데 일관성 있는 동일한 부분을 들었을 때 정확한 길이 배열을 파악할 수 있다. 즉, 어떤 형태를 파악할 때 누가보아도 일률적으로 파악할 수 있도록 일정한 약속을 해놓은 방법이 바로 구조그래픽이다.

구조그래픽은 결과를 놓고 형태를 분석하기 위해 필요하기도 하지만 앞으로 만들 형태의 정확도를 기하기 위해 사용할 수 있다. 구조그래픽을 분석할 때는 먼저 세로간의 배열을 파악한 후 가로간의 배열전개를 이해한다. 다음은 각각의 기본형태를 구조그래픽으로 옮겨 그려본다.

One-length Form

- ➪ 두상하부에서 상부로 갈수록 모발의 길이가 길어진다.
- ➪ 모든 모발이 가장자리에 있어 각이져 있다.

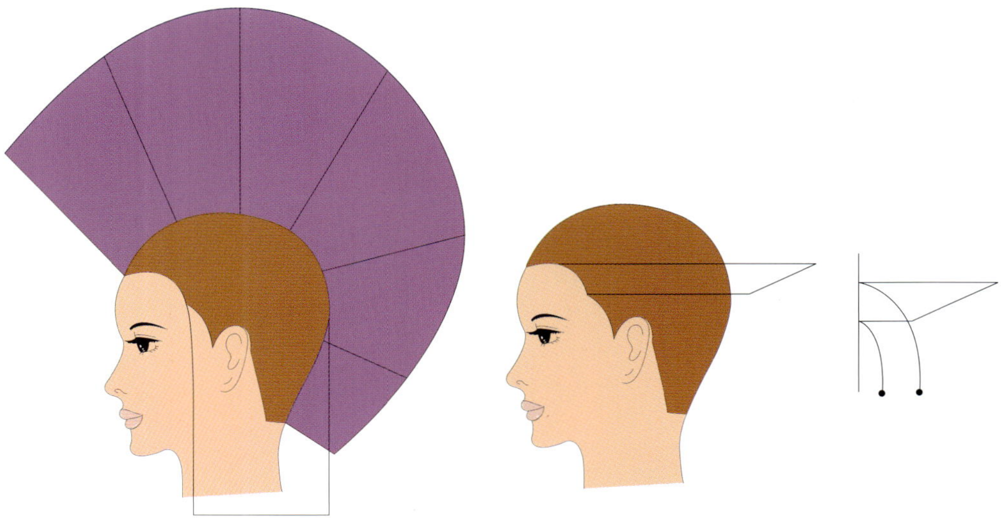

Graduation Form

- ➪ 두상하부에서 상부로 갈수록 모발의 길이가 길어진다.
- ➪ 무게선이 가장자리 위에 있다.

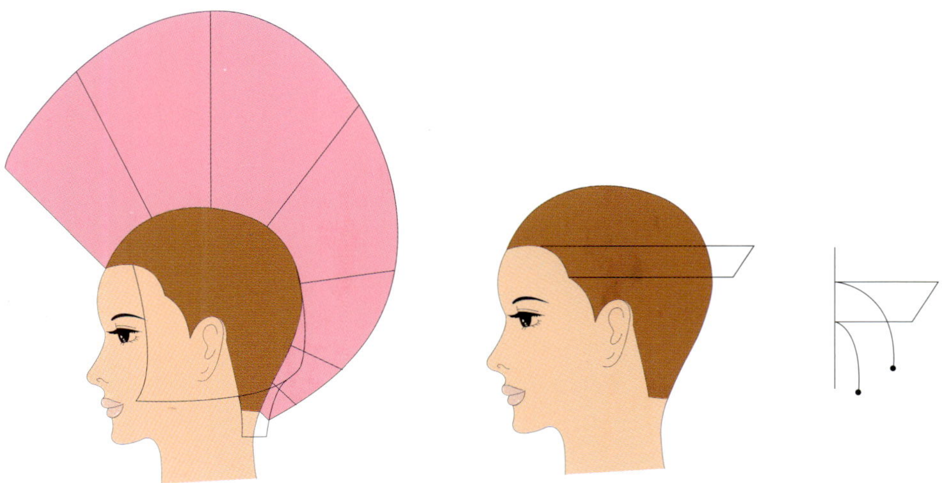

Increase Layer Form

➪ 두상하부에서 상부로 갈수록 모발의 길이가 짧아진다.

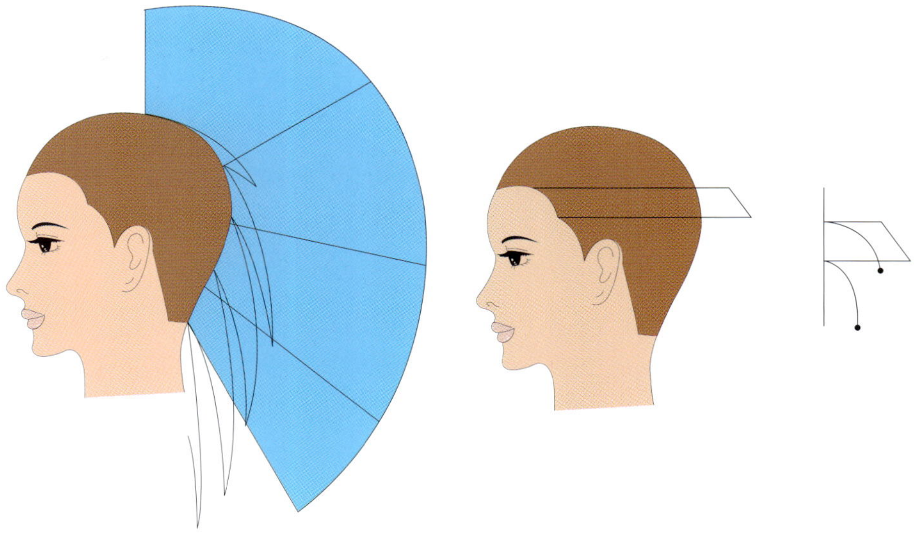

Uniform Layer Form

➪ 두상하부와 상부의 길이가 동일하다.

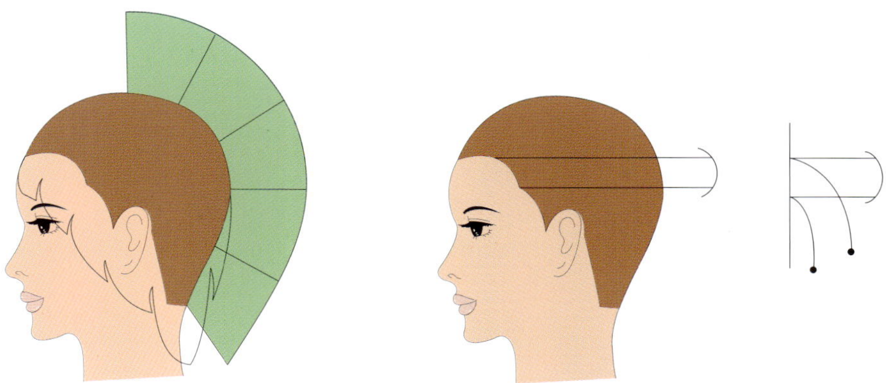

4. Scalp Hair Cut 도구 및 사용법

1) 커트에 필요한 도구

미용술을 행할 때 사용되는 도구는 헤어디자인 연출에 있어 중요한 요소이므로 도구에 대한 학문적이고 과학적인 접근이 필요하다. 이들 미용도구를 효과적으로 사용함으로써 비로소 미용술이 완성된다.

헤어커트 도구로는 가위(scissors), 빗(comb), 레이저(razor), 클리퍼(clipper), 이 밖의 여러 가지 도구는 헤어디자이너의 필수품이다. 그러나 도구를 선택함에 있어서 일반적으로 헤어스타일의 특성과 모발에 가급적 손상이 적어야 하며, 시술하는 동안 시술자에게 불편함을 주지 않고 더불어 고객에게도 편안함을 주어야 한다.

(1) 가위(Scissors)

가위는 지레의 원리를 응용하여 만들어진 도구로서 가위의 선택은 개인적인 선호나 원하는 결과에 달려있으나 가위 날의 강도가 적당한 것, 재질이 좋은 것, 가위 내면의 곡선 마무리 공정이 깨끗한 것, 조임쇠(pivot point)의 작용이 좋은 것을 선택한다.

① 가위의 구조

가위는 손가락으로 움직이는 유동날(moving blade)과 고정날(still blade), 그리고 조임쇠(pivot point)로 구성되어 있다.

· 유동날(moving blade) : 엄지에 의해 조작되는 움직이는 날
· 고정날(still blade) : 약지에 의해 조작되며 시술시 고정됨
· 약지환(finger grip) : 정도에 연결된 원형의 고리로 약지를 끼워 넣는 곳
· 엄지환(thumb grip) : 동도에 연결된 원형의 고리로 엄지가 위치하는 곳
· 소지걸이(finger brace) : 약지환에 이어져 있으며 소지(새끼손가락)를 걸기 위한 곳
· 조임쇠(pivot point) : 정도와 동도를 하나로 고정시켜 주며 나선의 스치는 정도를 조정

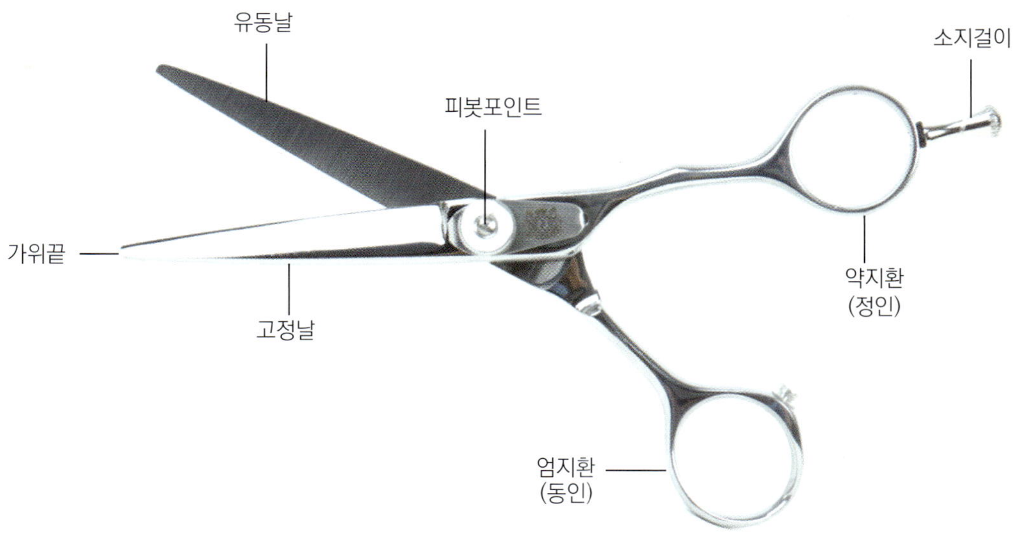

② 가위의 종류

가위의 사용목적에 따라 크게 일반가위(cutting scissors), 스트록가위(stroke scissors), 틴닝가위(thinning scissors)로 구분한다.

- 일반 가위(cutting scissors) : 일반적으로 헤어커트에 쓰이는 가위는 가위의 길이에 따라 4~7인치 정도로 구분한다.
- 스트록 가위(stroke scissors) : 모발 면과 거의 평행하게 커트되며 모발 길이와 양을 동시에 표현할 수 있다.
- 틴닝 가위(thinning scissors) : 틴닝 가위는 숱 가위라도 불리며 모량을 조절하고 모발의 흐름을 자연스럽게 표현한다.

일반 가위

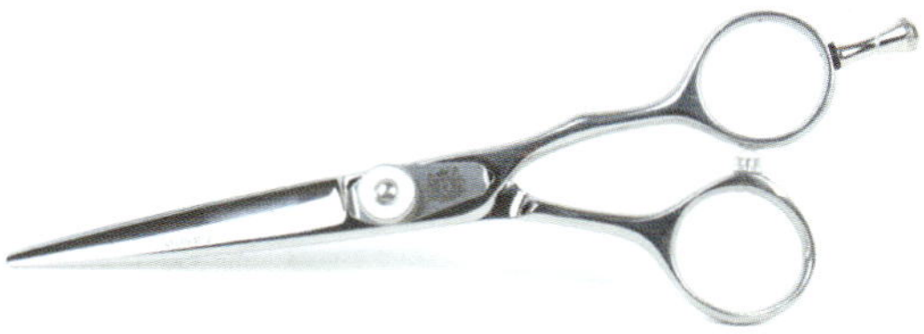

5인치(약 12cm)

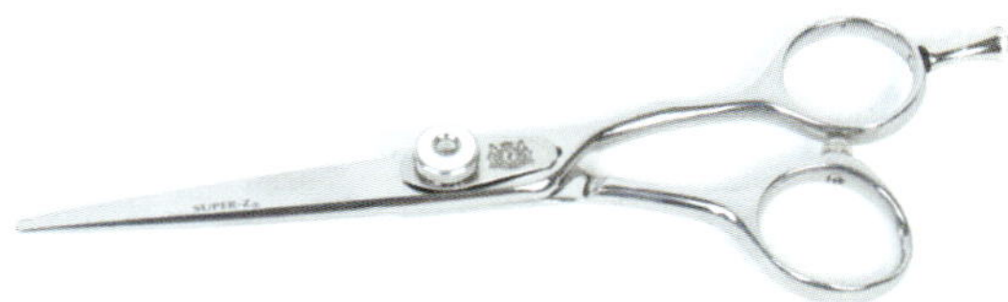

5.5인치(약 14cm)

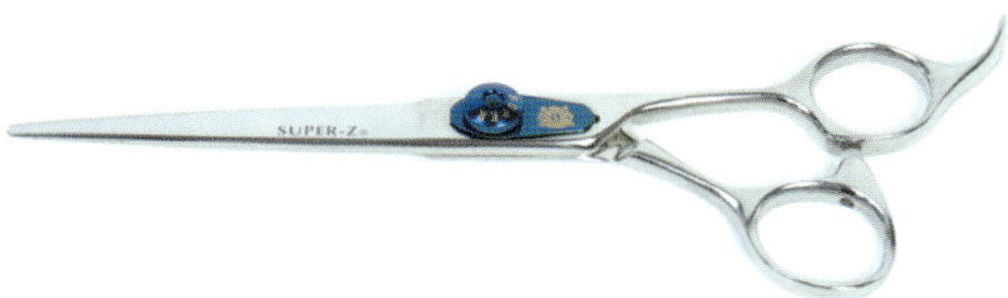

6인치(약 15cm)

7인치(약 17.5cm)

틴닝 가위

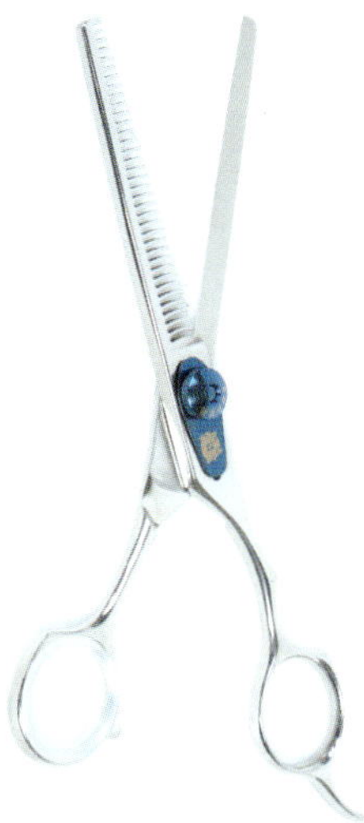

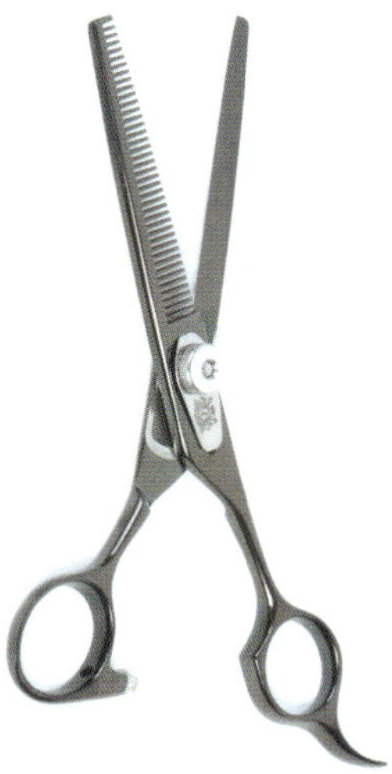

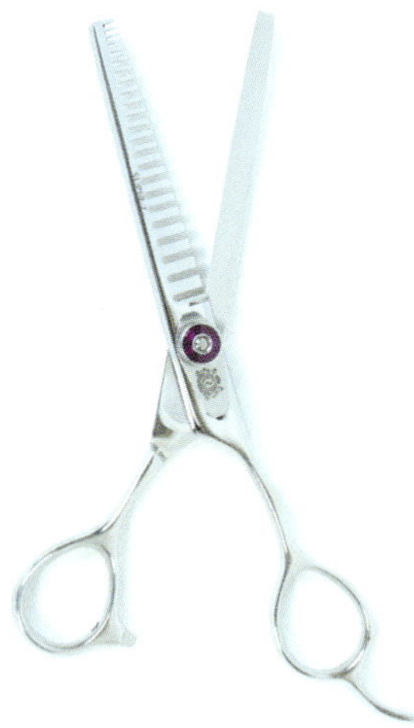

③ **가위 사용방법**

정인에 약지둘째마디에서 시작하여 검지첫째마디를 지나도록 하고 동인에 엄지손톱의 중간쯤에 가볍게 걸친다. 이 상태로 뒤집는 것이 가위잡는 법의 기본이다.

가위 잡는 방법은 크게 손등이 보이게 주먹 쥐는 형태로 잡는 방법과 피폿에 손가락을 올려 손과 일자가 되어 수평이 되게 잡는 방법으로 나눌 수 있다. 즉, 가위 날이 수직 또는 수평으로 놓을 수 있다.

이 두가지 방법을 작업의 성질에 따라 적절하게 혼용하여 사용한다.

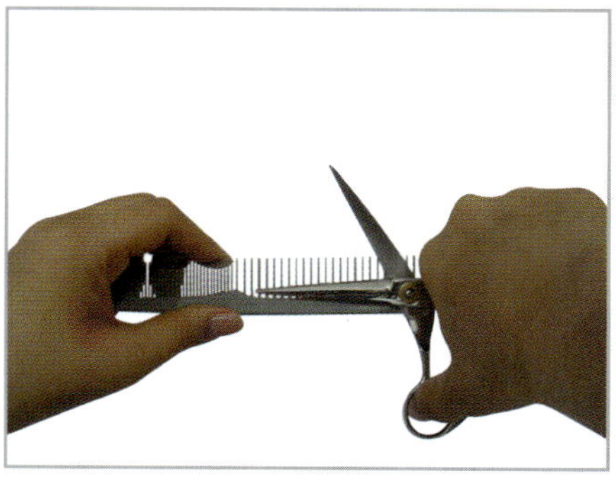

수직(Vertical)

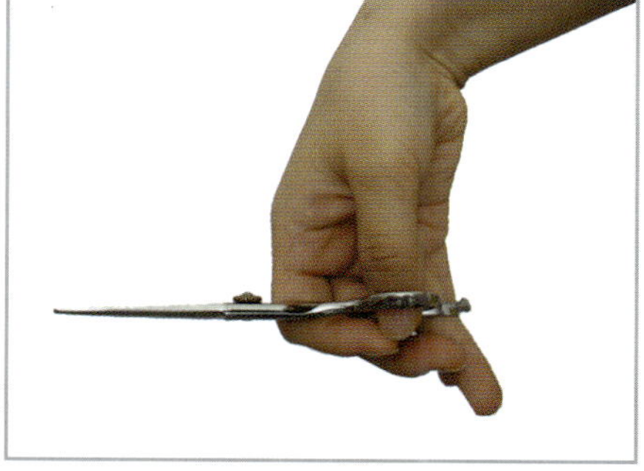

수평(Horizontal)

(2) 커트 빗(Cut Comb)

커트 빗은 커트시 정확하게 시술할 수 있는 기준 역할을 하며, 크기는 대, 중, 소가 있으며 사용하고자 하는 용도에 알맞아야 한다.

커트용 빗은 얇고 견고한 소재로 빗살이 균등하고 빗살 끝이 너무 뾰족하거나 무디지 않는 것이 좋다.

① 커트 빗의 구조

빗은 그 종류가 매우 다양하나 기본적으로 커트에 이용하는 빗은 다음 그림과 같은 형태를 갖는다.

· 얼레 살, 굵은 살(large teeth) : 블로킹(blocking) 및 파팅(parting)을 나눌 때 사용.
· 고운 살, 가는 살(small teeth) : 모발을 분배하거나 촘촘히 빗을 때 사용.
· 빗살 끝 : 각 빗살의 끝으로 두피에 접해 모발을 나눌때 사용.
· 빗 몸 : 빗 전체를 지지하고 균형을 유지.

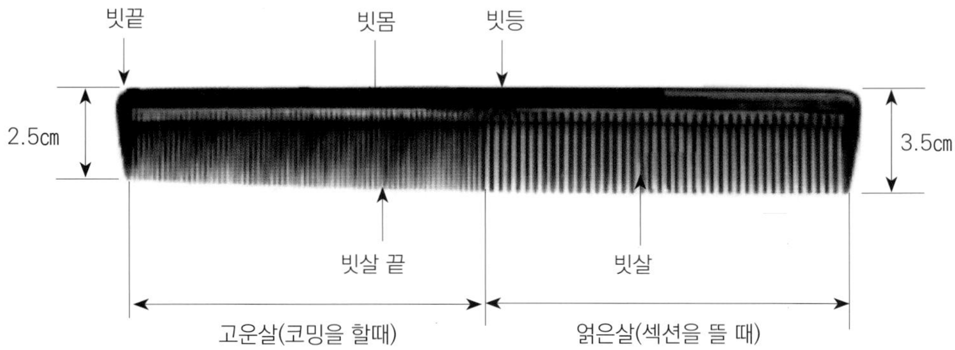

② 커트 빗 사용방법

오른손 검지와 중지로 빗등을 가볍게 잡는다. 빗을 사용하지 않을 때는 반대손 손바닥에 올려놓고 엄지로 고정시킨다. 그리고 빗을 회전시킬 필요가 있을 때는 엄지와 검지로 빗등을 잡아 회전한다.

가위를 잡고 빗질할 때

빗질한 상태에서 커트할 때

수직 빗질

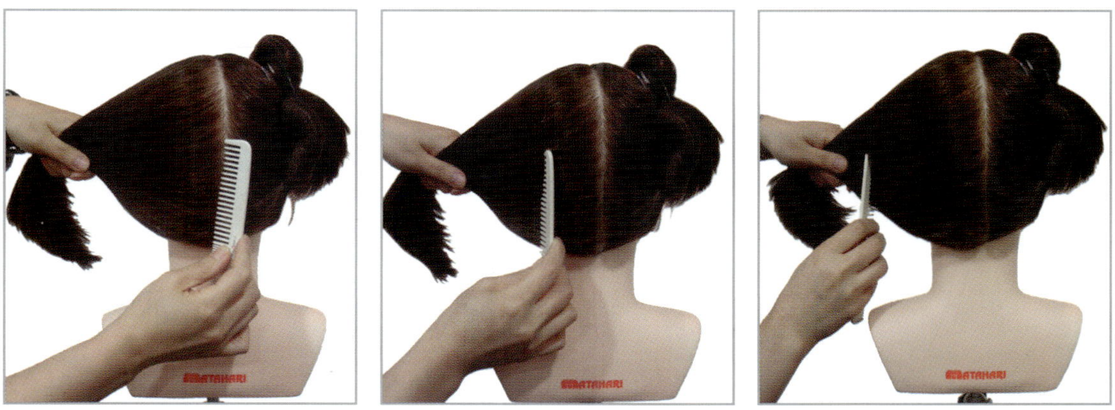

수평 빗질

(3) 커트 레이저(Cut Razor)

레이저는 모발을 자르기도 하지만 사용법에 따라 가위로는 낼 수 없는 모선의 가벼움, 경쾌함, 매끈함, 율동감을 주어 여성스러운 아름다움을 연출한다. 레이저 커트시 젖은 모발 상태에서 시술해야 한다.

① 커트 레이저의 종류

- 일반레이저(ordinary razor)
·일반적인 레이저의 유형
·능률적인 작업에 좋지만 너무 자를 수 있는 위험성이 있다.

- 셰이핑 레이저(shaping razor)
·일면 날 혹은 양면 날의 유형이 있음
·안정성이 높으며 초보자에 적합하다.

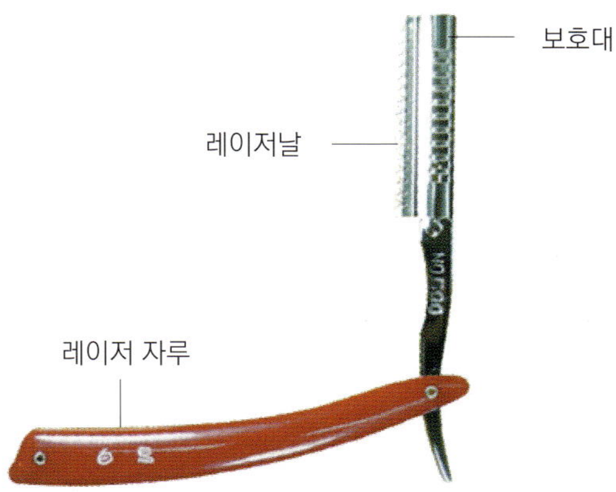

접는형 레이저

일자형 레이저

② 커트 레이저의 사용방법

레이저 집는법은 사용 용도에 따라 각각 다르게 표현된다. 그리고 wet cut로서 전체적으로 균등하게 모발을 적신 후, 강한 텐션에 유의하여 커트한다.

테이퍼링 커트 할 때

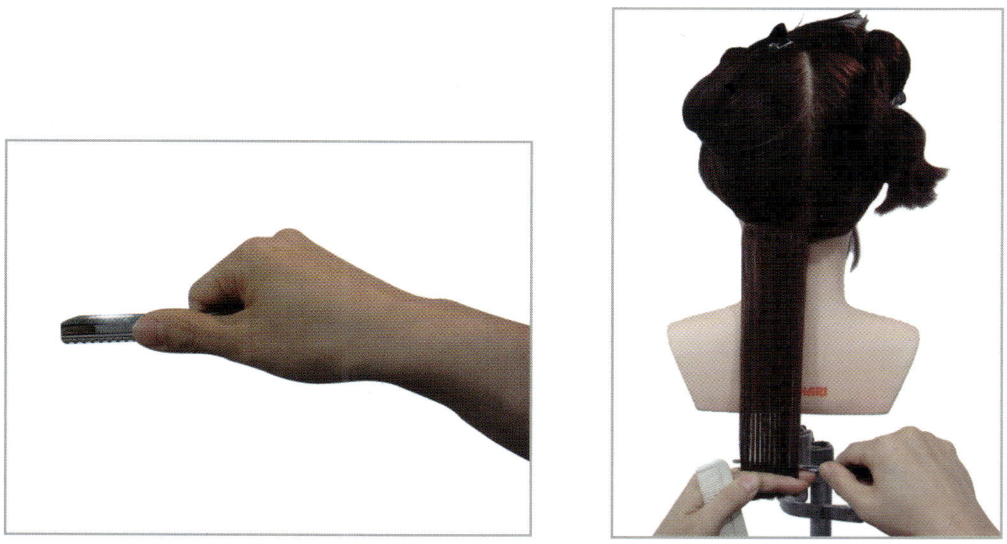

모량을 정리하거나 블런트 커트 할 때

(4) 클리퍼(Clipper)

클리퍼는 모터의 동력에 의하여 유동 날이 좌우로 빠르게 이동함에 따라 모발을 절단하는 도구이다. 이 도구는 1871년 프랑스의 바리깡(barican)에 위해 발명되었기 때문에 보통 바리깡이라고 부른다.

① 클리퍼의 구조

· 윗날 : 좌우로 움직여서 밑날과 함께 모발을 절단하는 작용을 한다.

· 밑날 : 윗날과 함께 모발을 자르는 역할 및 모발을 같은 길이로 간추리는 빗의 작용을 한다.

클리퍼의 구조

클리퍼의 종류

② **클리퍼 사용방법**

오른손으로 클리퍼를 쥐고 왼손으로 빗을 쥐어서 빗이 모속을 떠올려 각도를 만들면 빗으로 떠올려 빗은 모속에 대해 클리퍼는 움직여 커트한다. 빗질하는 방법에 의해 scalp hair strand 텐션의 양이 적으므로 자연스러운 커트의 느낌을 준다.

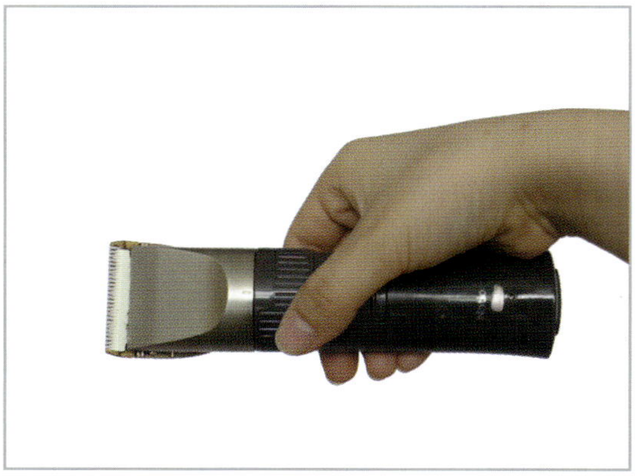

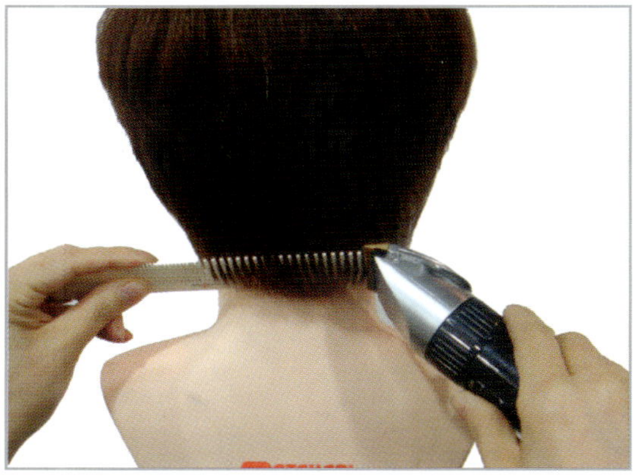

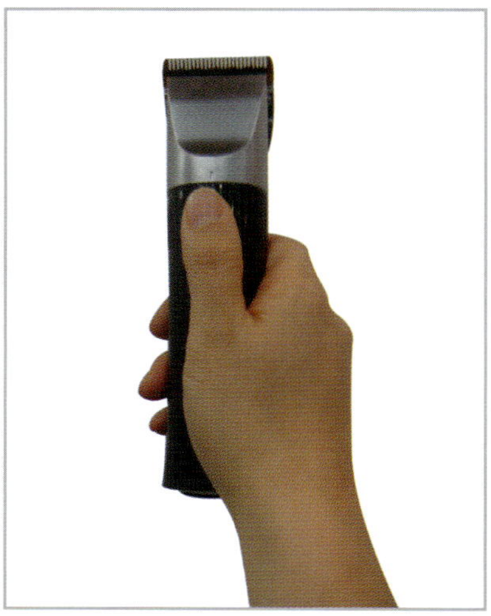

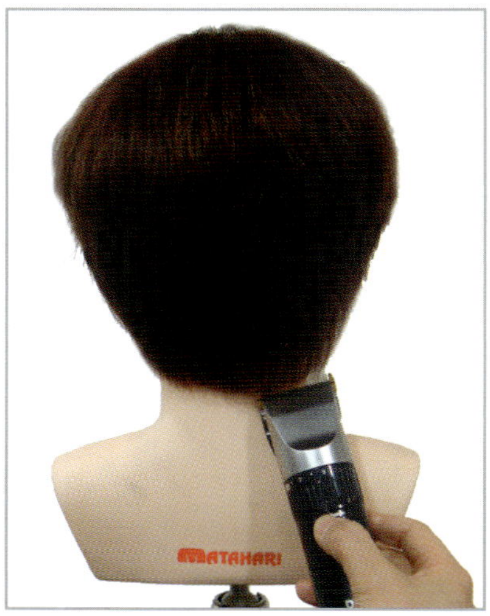

2) 그외의 기구

(1) 브러시(Brush)

커트할 때 사용하는 브러시는 블로우 드라이에 이용하는 브러시와는 다른 것을 이용하는데 대개 모발의 엉킴을 풀어 주고 시술 전에 모발을 정돈하는 용도의 것과 완성된 커트 마무리용 롤 브러시, 쿠션 브러시 등을 이용한다.

(2) 클립(Clip)

모발을 커트하기 위해 일정한 구획으로 섹셔닝(sectioning), 파팅(parting) 등 모발의 고정을 위해 이용하며 일반적으로 얇고 고정력이 좋은 제품을 사용한다.

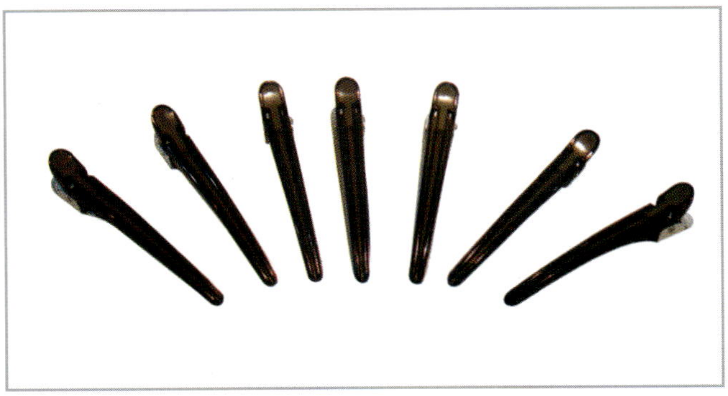

(3) 분무기(Spray)

분무기는 젖은 모발 커트에서 중요한 역할을 하는 도구로서 모발을 균일한 수분으로 적셔두고 시술하는 것은 좋은 커트 결과를 얻기 위한 방법이다. 또한 큐티클 손상이 가지 않게 하고 정확한 섹션이나 파팅을 나누는 기초가 된다.

5. 두상의 기본 Point 및 Line

두부기본 Point 15

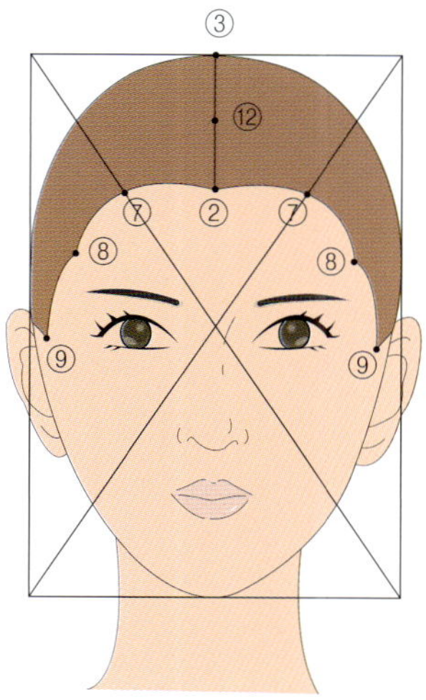

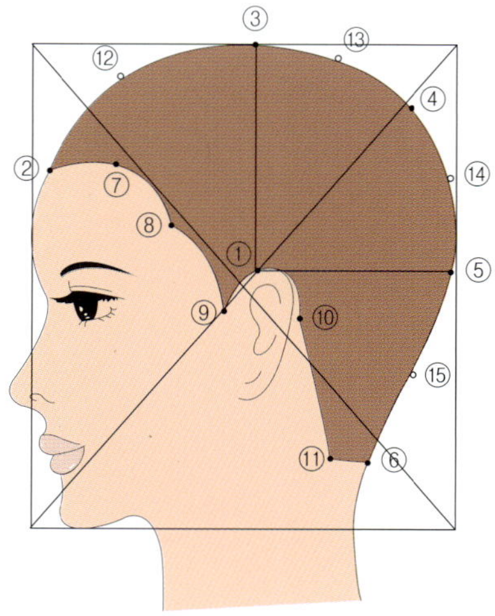

① E.P (Ear Point)
② C.P (Center Point)
③ T.P (Top Point)
④ G.P (Golden Point)
⑤ B.P (Back Point)
⑥ N.P (Nape Point)
⑦ F.S.P (Front Side Point)
⑧ S.P (Side Point)
⑨ S.C.P (Side Corner Point)
⑩ E.B.P (Ear Back Point)
⑪ N.S.P (Nape Side Point)
⑫ C.T.M.P (Center Top Medium Point)
⑬ T.G.M.P (Top Golden Medium Point)
⑭ G.B.M.P (Golden Back Medium Point)
⑮ B.N.M.P (Back Nape Medium Point)

두부기본 Line 7

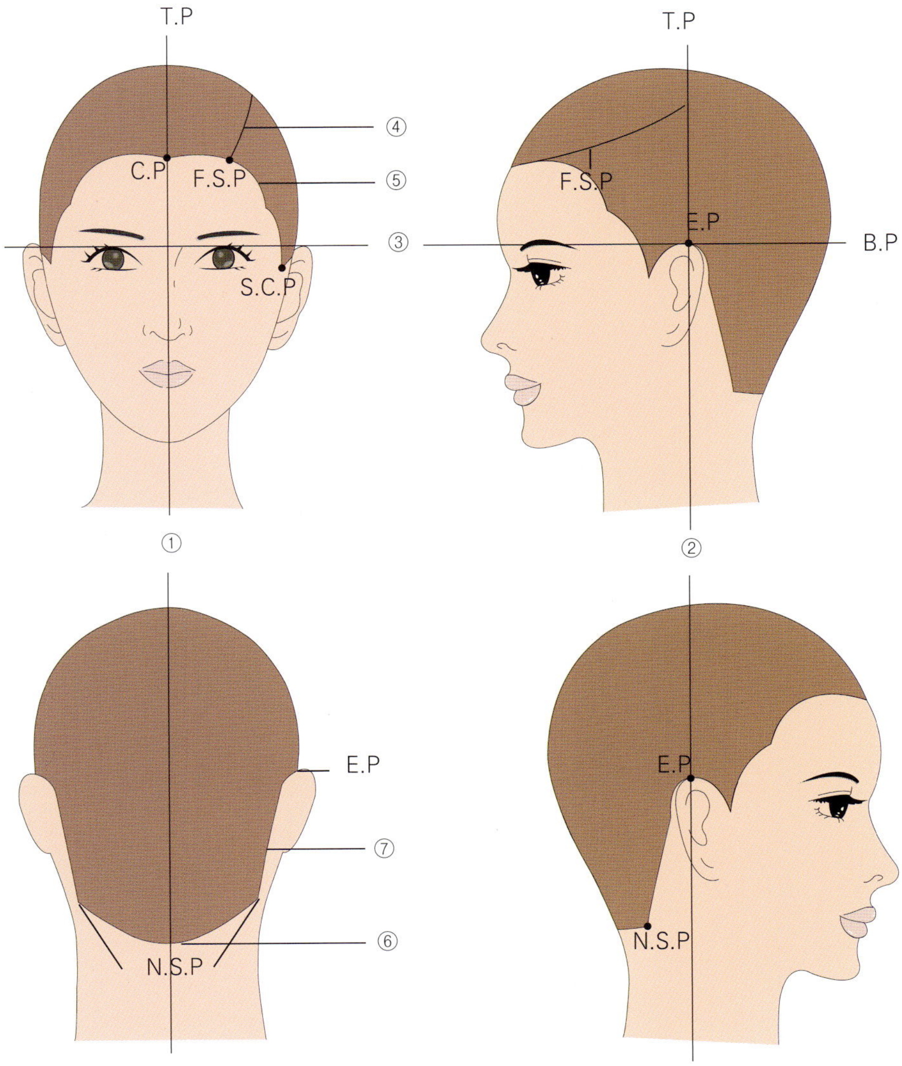

① 정중선 : 코의 중심 대칭점에서 두상 전체를 수직으로 내린 선

② 측중선 : T.P와 E.P에서 수직으로 내린 선

③ 수평선 : E.P의 높이를 수평으로 두른 선

④ 측두선 : 눈끝(F.S.P)을 기점으로 하여 머리 앞 쪽에서부터 측중선까지

헤어라인
- ⑤ 페이스선 : S.C.P에서 C.P를 연결해서 전면부에서 생기는 선
- ⑥ 목뒤선 : N.S.P에서 N.S.P를 연결한 선
- ⑦ 목옆선 : E.P에서 N.S.P를 연결한 선

제 5 장

Scalp Hair Cut의 절차

1. 섹셔닝(Sectioning)

1) 센터(Center)
2) 이어 투 이어(Ear To Ear)
3) 수평(Horizontal)
4) 프린지(Fringe)
5) 그 외 다양한 섹셔닝

2. 머리위치(Head Position)

3. 파팅(Parting)

4. 분배(Distribution)와 베이스 컨트롤(Base Control)

1) 분 배(Distribution)
2) 베이스컨트롤(Base Control)

5. 시술각(Angle)

6. 손가락 위치(Finger Position)

7. 가이드 라인(Guide Line)

8. 커트 테크닉(Cut Technique)

1) 가위를 이용한 테크닉
2) 레져를 이용한 테크닉

9. Scalp Hair Cut 시 유의사항

10. 부분가발을 이용한 커트 시스템

제 5 장

Scalp Hair Cut의 절차

커트는 계획을 세워 결과를 예측한 후 시술하여야 좋은 결과를 얻을 수 있다. 그러므로 분할하고자 하는 섹션과 두상의 위치, 섹션 내에서 나누고자 하는 파팅과 그에 따른 빗질과 시술각도 등을 고려하여 시술하도록 한다.

1. 섹셔닝(Sectioning)

커트란 두상을 부분으로 나눠서 형태를 만든 후 다시 조합해 디자인을 만드는 것이다. 따라서 두상을 부분으로 나누는 섹셔닝은 커트의 절차 중 우선이라 할 수 있다.

섹셔닝이란 커트하기 쉽게 디자인 이미지에 따른 형태의 변화에 따라 분할하는 단위며, 블로킹이라고도 한다.

고객에게 시술하는 디자인의 대부분이 한 가지 이상의 형태가 혼합되어 이루어지는데 이러한 형태 비율과 디자인의 이미지에 맞춰 모류가 달라지거나 두상의 둥근면과 면이 꺾이는 부분을 기준으로 다음과 같이 나누는 것이 일반적이다.

형태(Form)가 달라지는 곳

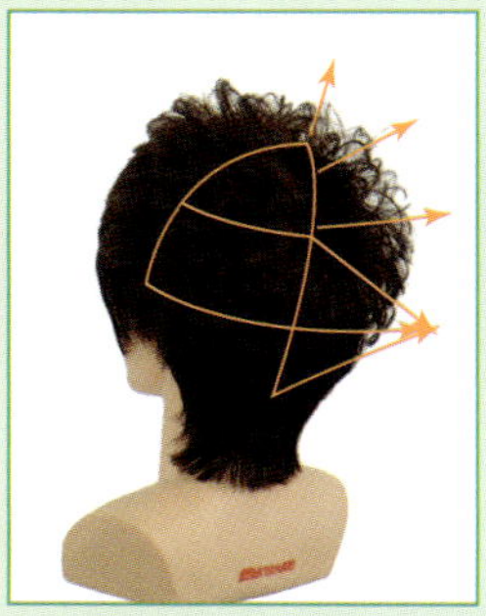

형태선(Out line)이 달라지는 곳

파팅이나 시술각이 변화되는 곳

특히, 섹셔닝을 할 때 모류의 방향과 두상의 면을 보고 분할하는 것, 프린지의 유무를 고려하는 것은 매우 중요하다.

1) 센터(Center)

센터 포인트에서부터 네이프 포인트까지 정중선으로 나누는 방법이다. 대칭이나 비대칭의 디자인을 할 때 균형감을 조절하는 중심이 된다.

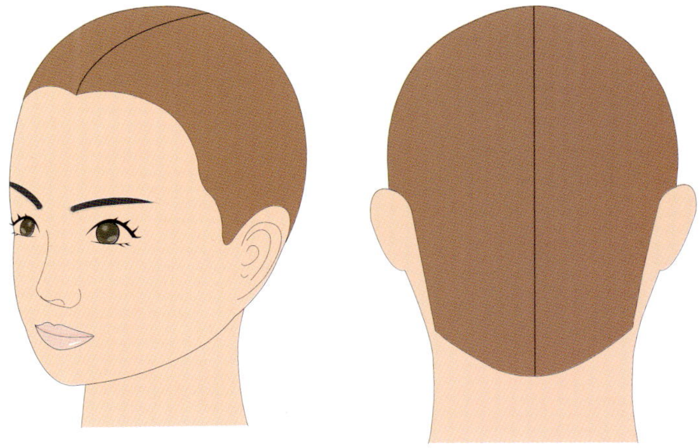

2) 이어 투 이어(Ear To Ear)

귀를 중심으로 귀 앞은 거의 플랫한 반면 귀 뒤로는 곡면이 뚜렷해진다.

사이드와 백의 시술각이나 형태선이 달라질 때 나눌 수 있다.

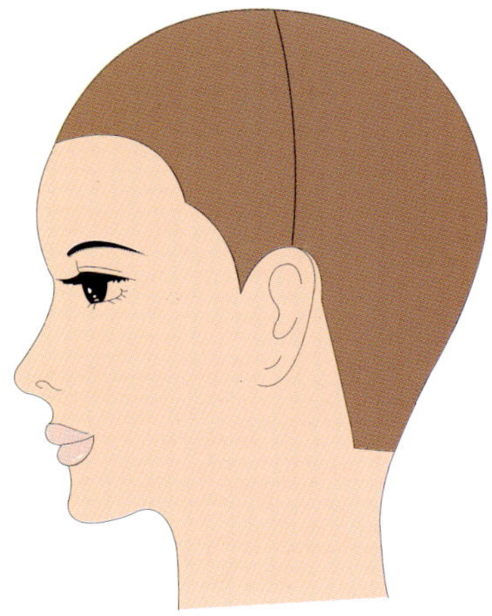

3) 수평(Horizontal)

가로간의 배열은 주로 비율에 따른 형태의 변화를 중심으로 나누게 되는데 위와 아래의 형태와 그에 따른 비율, 시술각, 형태선이 달라지는 곳, 곡면이 달라지는 부위에 나눈다.

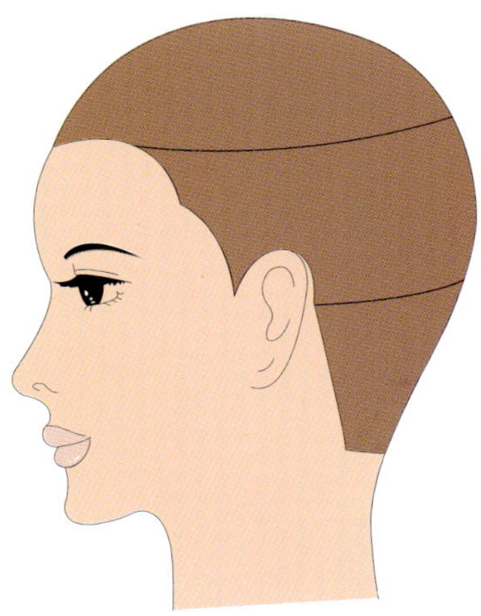

4) 프린지(Fringe)

형태의 연결, 비연결과 관계없이 이미지와 밀접한 관계가 있는 프린지는 독립적인 섹션으로 구분하여 시술한다.

사이드 파트 프린지(Side Part Fringe)

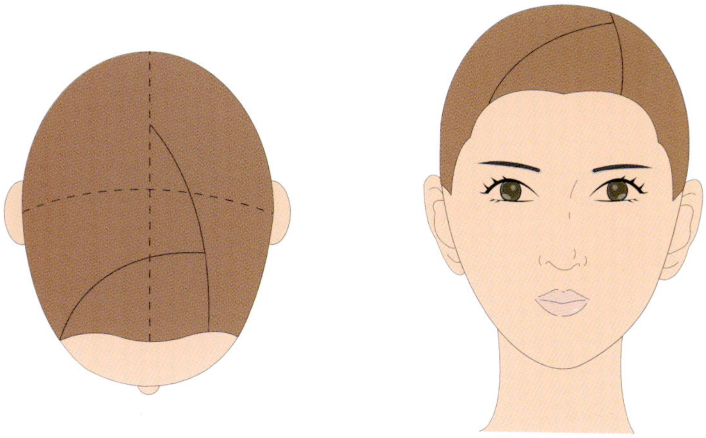

눈에서 가마까지 대각으로 파팅한 후 F.S.P까지 분할한다. 주로 방향성을 가지는 비대칭의 프린지를 만들 때 이용한다.

빅 프린지(Big Fringe)

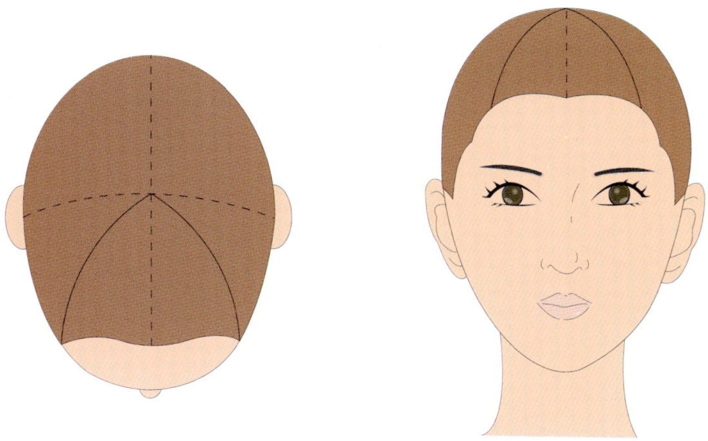

양쪽 F.S.P를 기준으로 양쪽 T.P까지 분할한다. 이마의 대부분을 가리는 큰 프린지를 만들 때 이용한다.

일반적인 프린지(Normal Fringe)

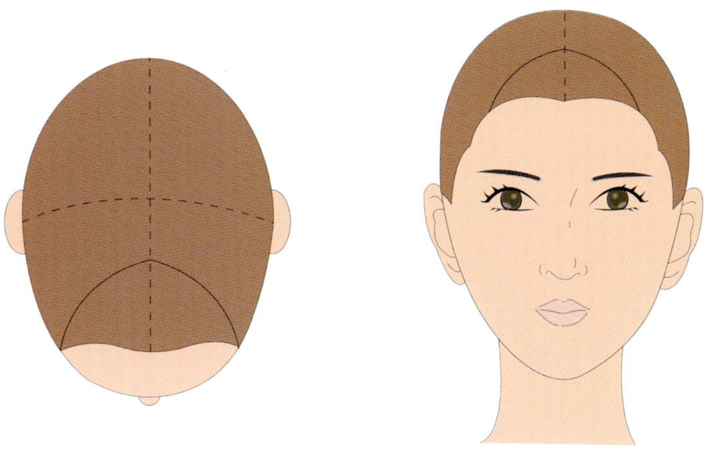

양쪽 F.S.P를 기준으로 T.C.M.P까지 분할한다. 가장 많이 이용되는 프린지 파팅이다.

5) 그 외 다양한 섹셔닝

크레스트 라인(Crest Line)

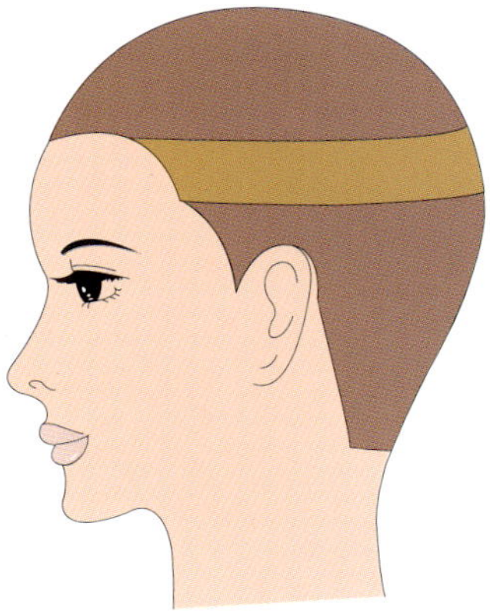

인테리어(Interior)

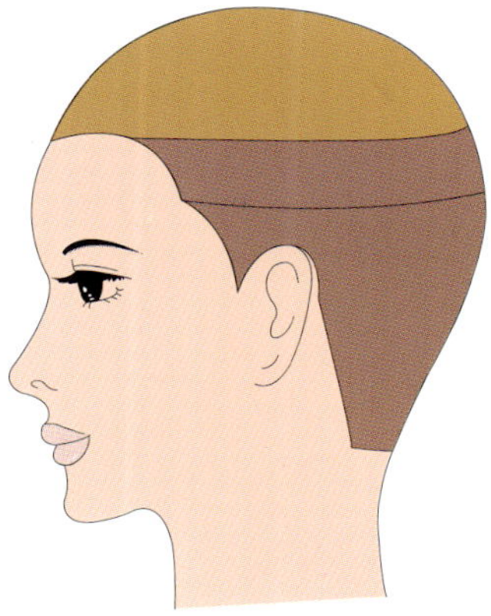

엑스테리어(Exterior)

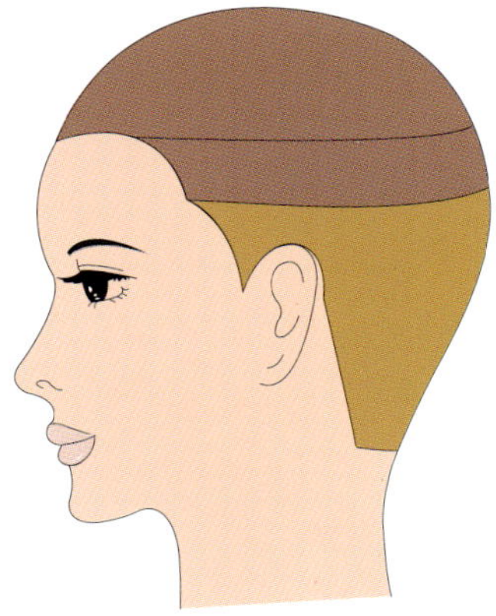

X레벨(X-Level)

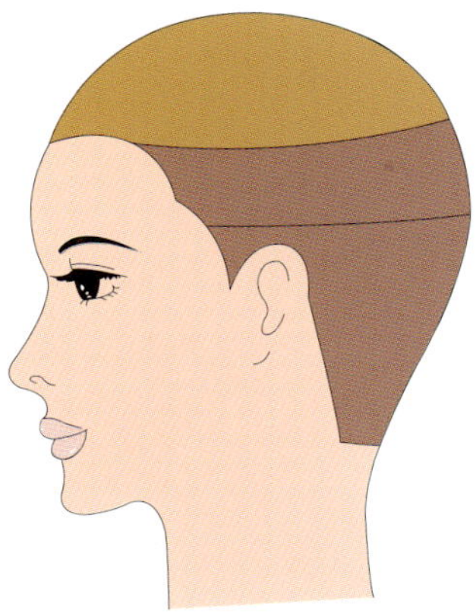

Y레벨(Y-Level)

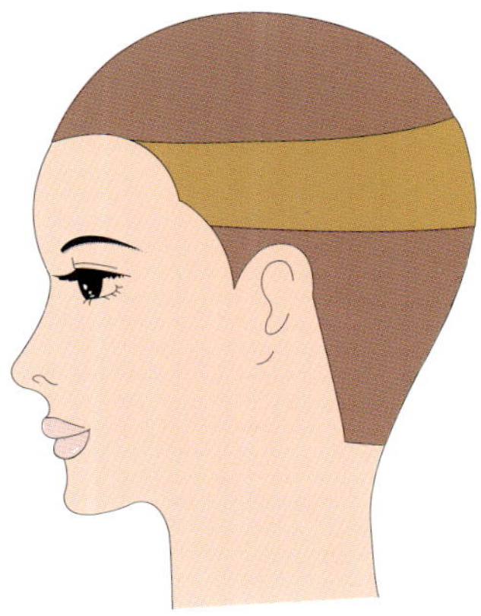

Z레벨(Z-Level)

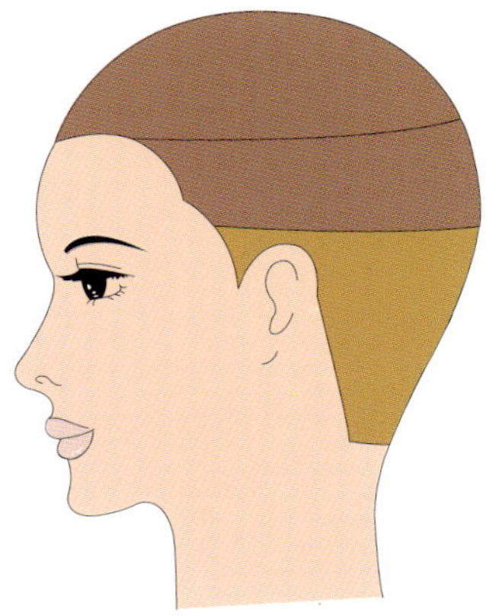

헤어라인 파트(Hair Line Part)

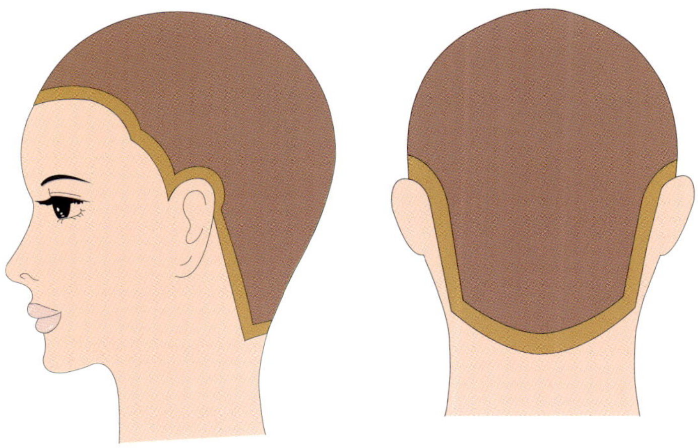

지그재그 2등분(Zig Zag Part)

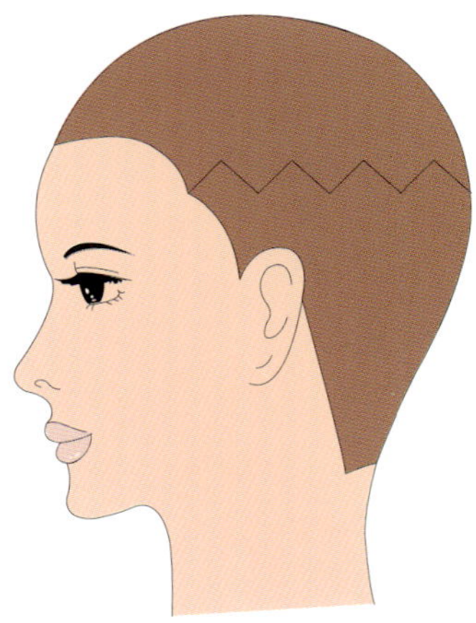

2. 머리위치(Head Position)

간과하기 쉬운 부분이나 가장 중요한 부분이다. 일반적으로 똑바른 형이 많이 쓰이나, 편의에 따라 앞으로 숙이거나 옆으로 기울일 수 있다.

똑바른 형 (Upright)

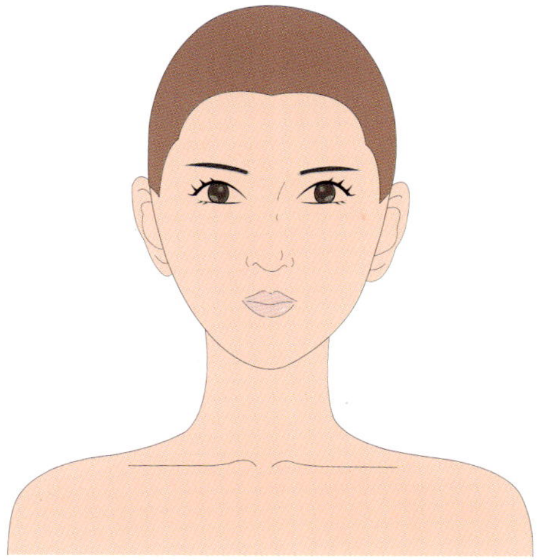

옆으로 기울인 형(Tilted)

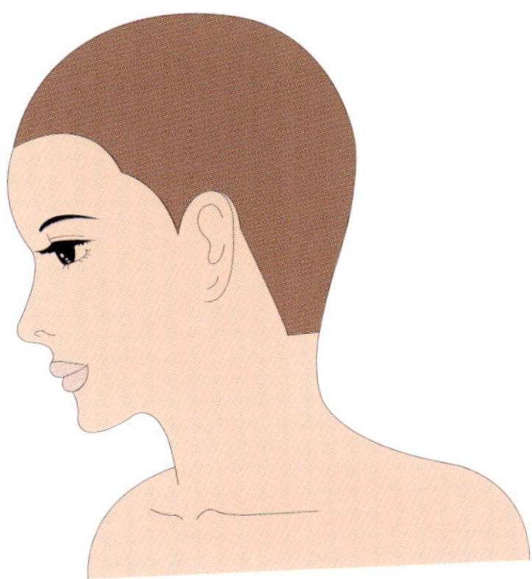

앞으로 숙인 형 (Forward)

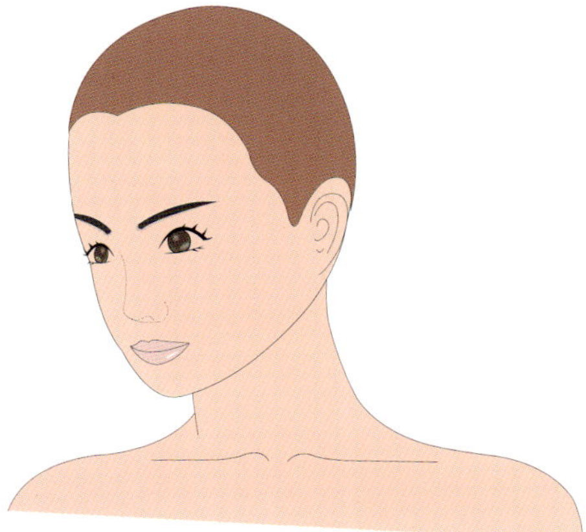

3. 파팅(Parting)

파팅이란 섹셔닝을 작게 나누는 것을 말하며, 형태선과 평행하게 나누는 것이 일반적이다.

주로 천체축을 대입하여 나누며 수평, 수직, 방사선, 후대각, 컨벡스, 전대각, 컨케이브 파팅이 있다.

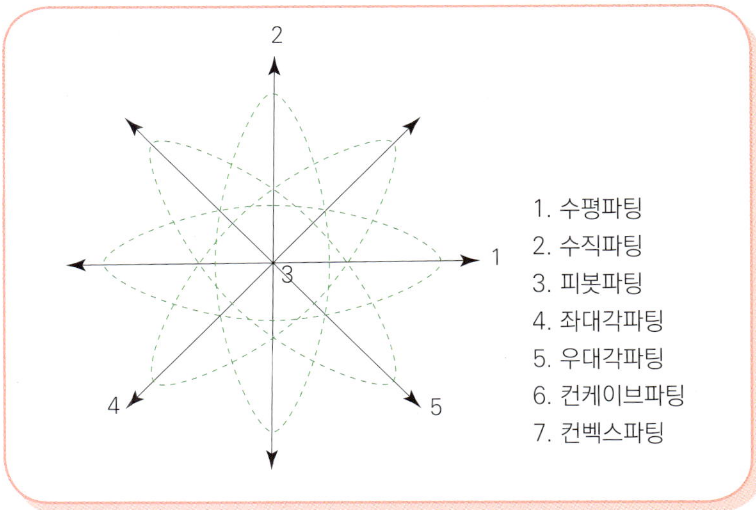

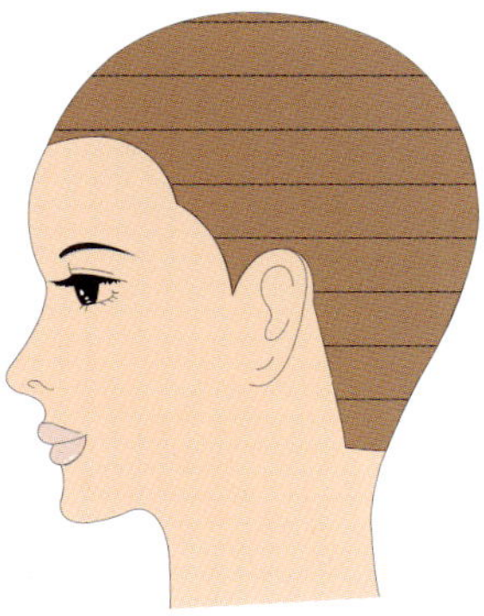
수평(horizontal)

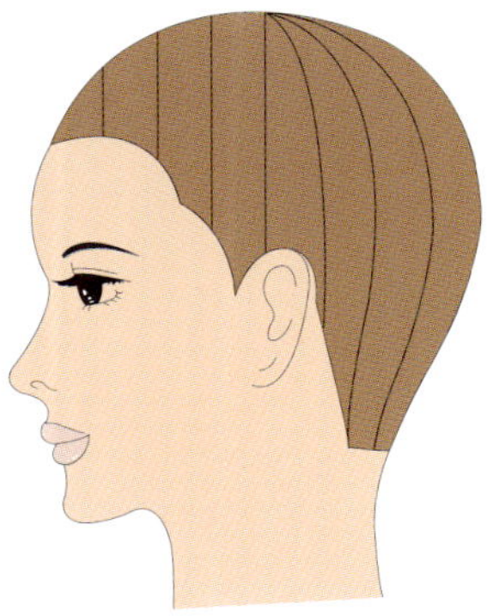
수직(vertical)

방사선(pivot)

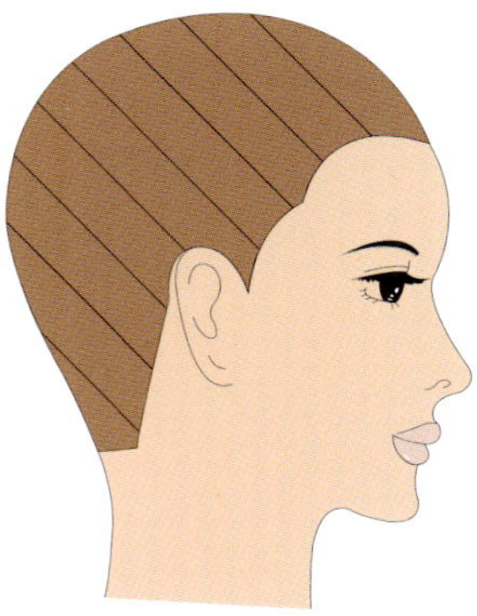
전대각(diagonal forword)

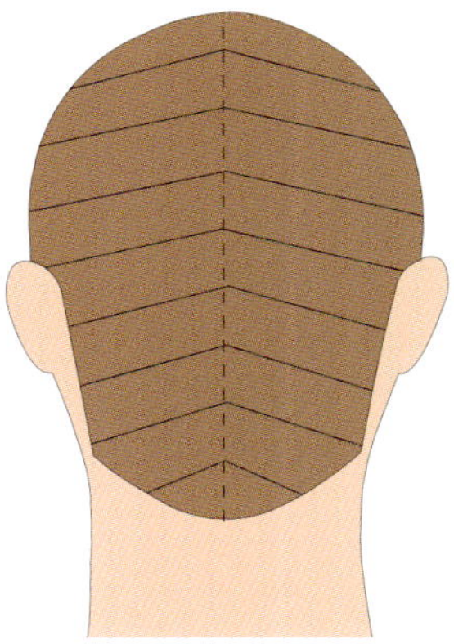
컨케이브(concave)

후대각(diaponal back)

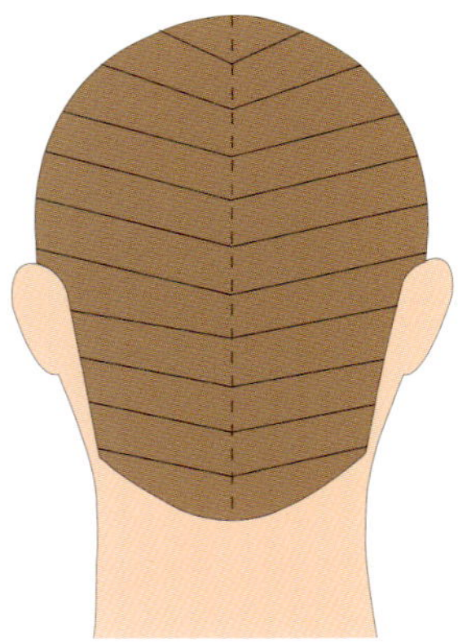
컨벡스(convex)

4. 분배(Distribution)와 베이스 컨트롤(Base Control)

1) 분배(Distribution)

분배란 베이스 파팅에 대해 빗어지는 빗질의 방향이다.
분배에는 자연분배, 직각분배, 변이분배, 방향분배가 있다.

자연분배
(Natural Distribution) ◦◦◦◦》 중력방향으로 내려빗는 빗질이다.

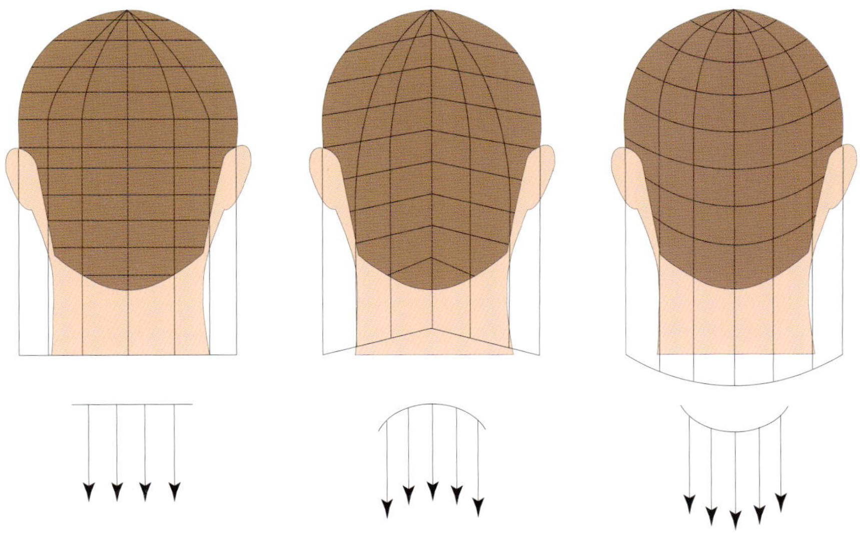

직각분배
(Perpendicular Distribution) ◦◦◦◦》 파팅이나 두상을 기준으로 직각이 되도록 빗는다.

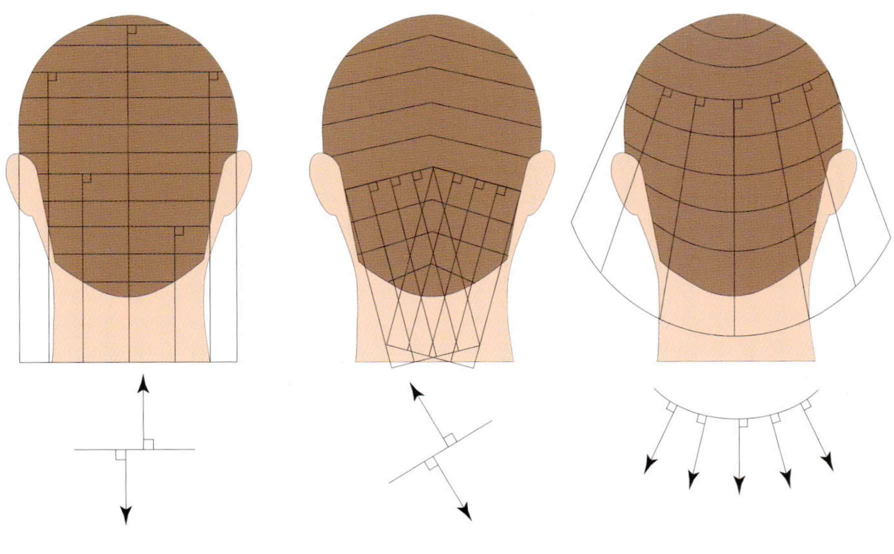

변이분배
(Shifted Distribution)

특정 기준이 없이 임의로 빗는다. 목적에 맞게 방향을 설정한다(짧은 모발과 긴 모발 연결할 때).

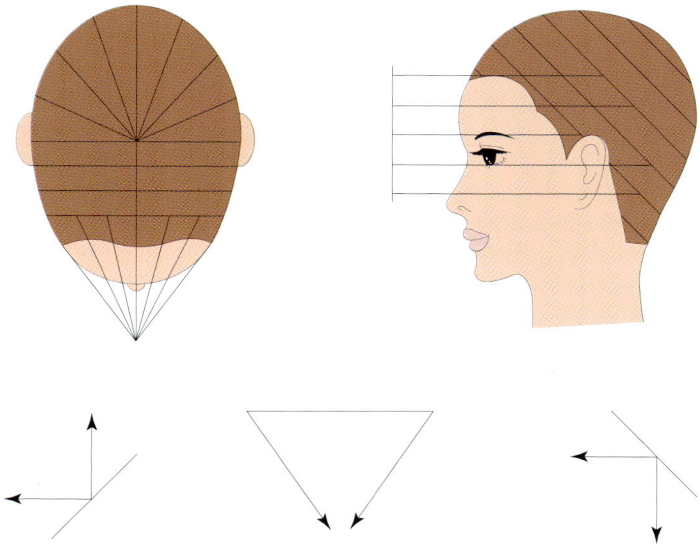

방향분배
(Directional Distribution)

특정한 방향을 이미지로 정해두고 모발을 그 면으로 빗는다.

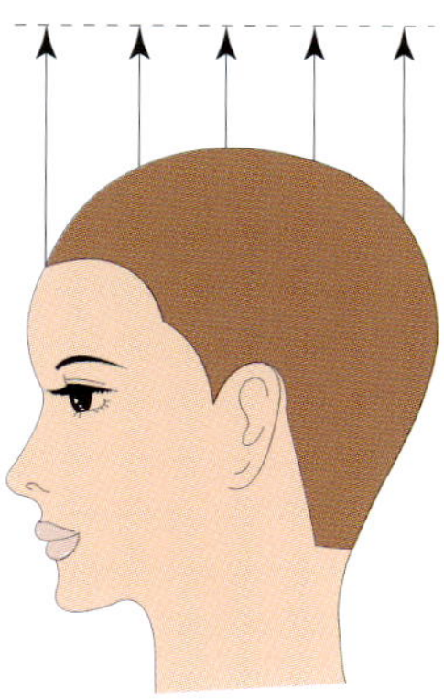

똑바로 위

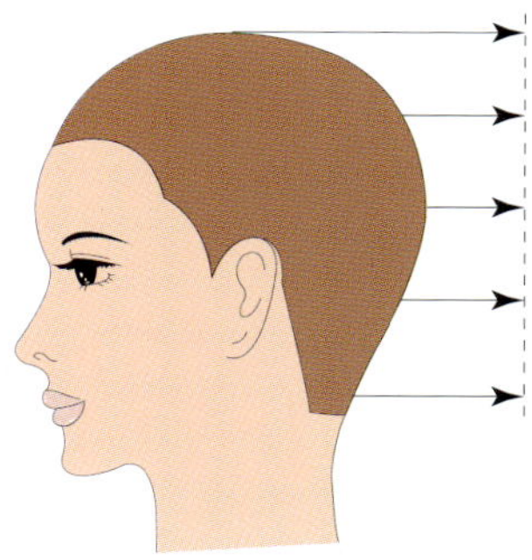

똑바로 뒤

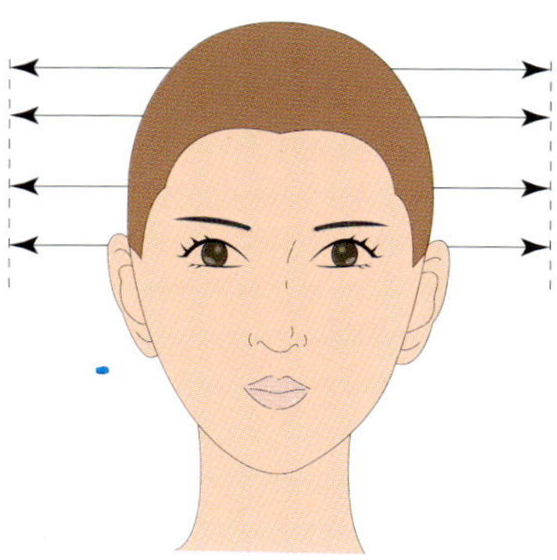

똑바로 옆

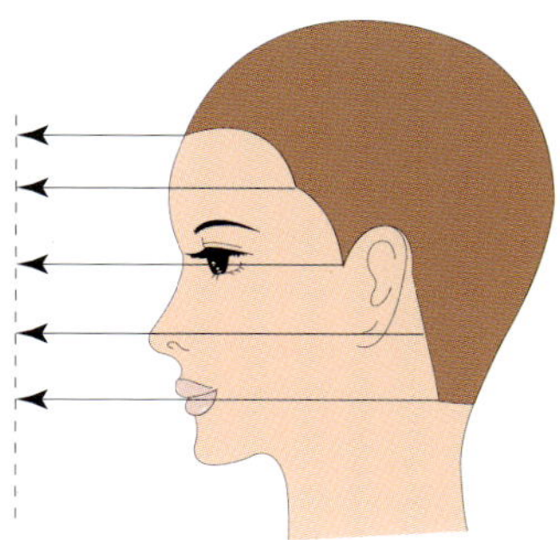

똑바로 앞

2) 베이스 콘트롤(Base Control)

(1) 온더 베이스(On the Base)

· 커트 시 가장 기본이 되는 방법으로 파팅의 중심이 90°가 되도록 스트랜드를 잡는다.
· 원하는 부분을 동일한 길이로 커트할 때 사용하는 방법이다.
· 베이스의 폭이 너무 넓으면 각 파팅의 연결감이 좋지 않으므로 주의한다.

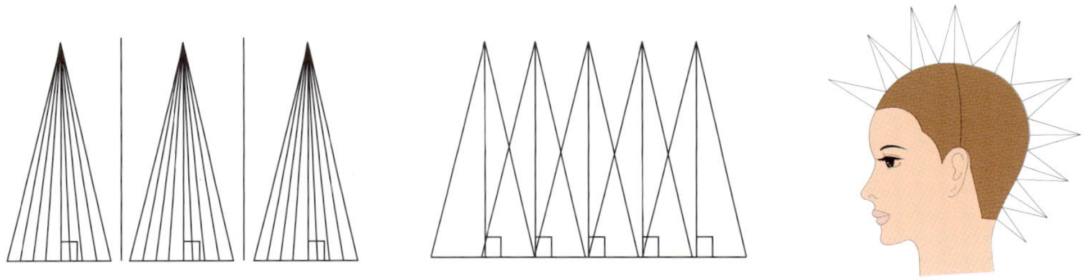

(2) 사이드 베이스(Side Base)

· 파팅의 한쪽 변이 90°가 되도록 스트랜드를 잡는다.
· 한쪽 변이 90°가 되기 위해서는 반대쪽 모발의 이동거리가 더 길어지므로 파팅을 모아 준 반대방향으로 길이가 길어진다.
· 파팅의 양에 따라 길이의 감소 또는 증가를 조절할 수 있다.

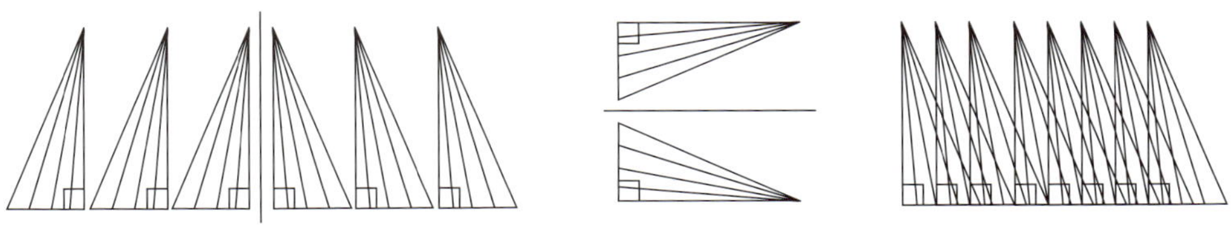

(3) 오프더 베이스(Off the Base)

· 파팅의 양쪽 변이 베이스를 벗어나도록 스트랜드를 잡는다.
· 한쪽으로 얼마나 당기는가에 따라 길이의 증가비율이 달라진다.
· 급격한 길이의 변화를 요할 때 사용되는 방법이다.

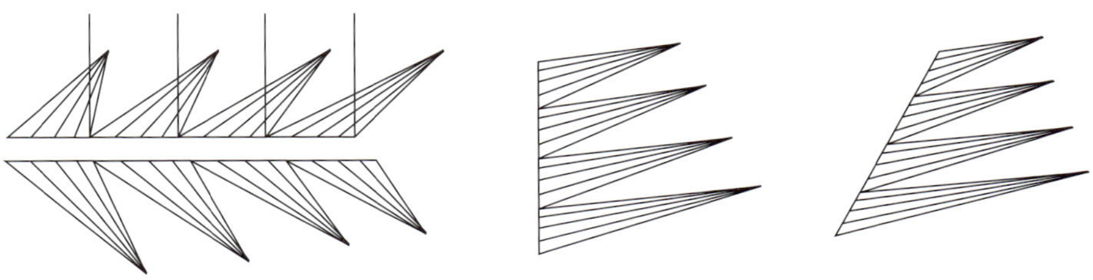

5. 시술각(Angle)

시술각은 파팅이나 두상의 곡면으로부터 들어 올려지는 각도이다. 이러한 시술각에는 천체축을 대입한 천체축 각도와 두상의 곡면을 이용한 두피 각도라는 두 가지 개념의 각도가 있다.

형태가 갖는 특징은 시술각에 의해 규정되므로 두 가지 개념의 시술각을 정확하게 이해하여 시술한다.

천체축을 대입한 시술각

두상의 곡면을 이용한 두피 시술각

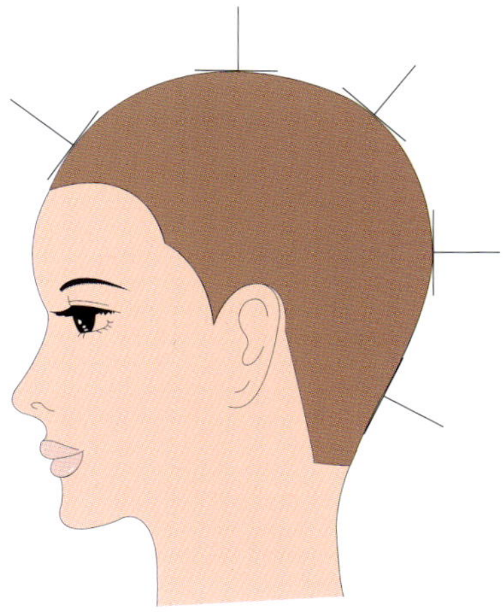

6. 손가락 위치(Finger Position)

파팅 또는 두상에 대한 손가락의 위치가 평행한가, 비평행한가를 말한다. 주로 목적한 형태선에 맞추어 결정한다.

평 행(parallel sculpting)

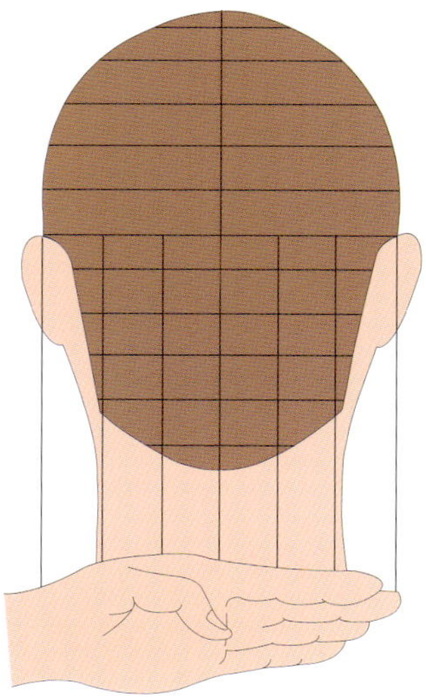

비평행(non-parallel sculpting)

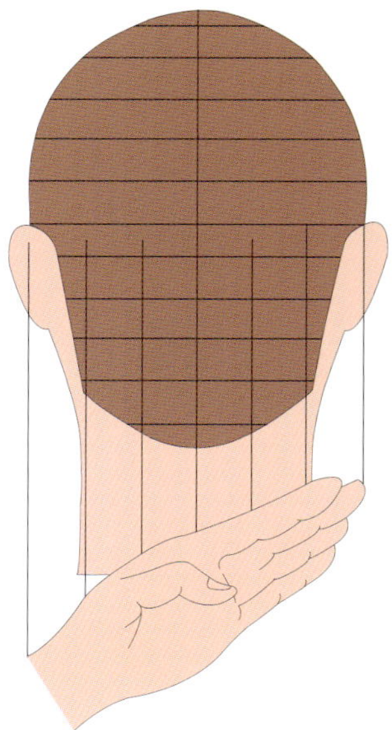

7. 가이드 라인(Guide Line)

가이드 라인은 커트하는 동안 형태를 연결해 나가는 중요한 라인으로 고정, 이동, 다중 가이드라인이 있다.

고정 가이드라인 주로 가이드라인을 고정시켜 놓고 모든 모발을 가이드라인으로 모아 커트하는 방법이다.

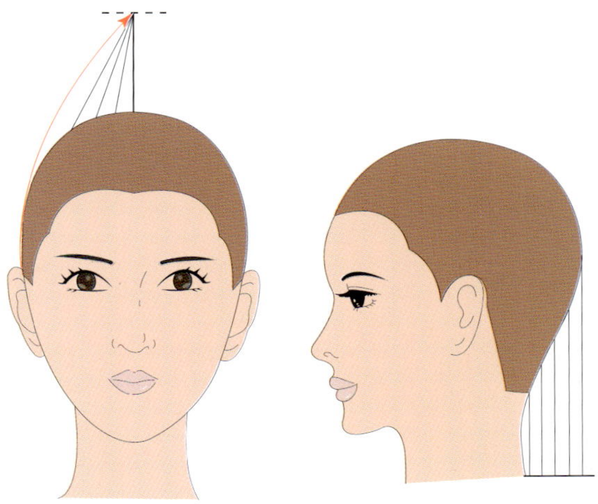

이동 가이드라인 자른 모발의 일부를 파팅마다 이동시켜 커트하는 방법이다.

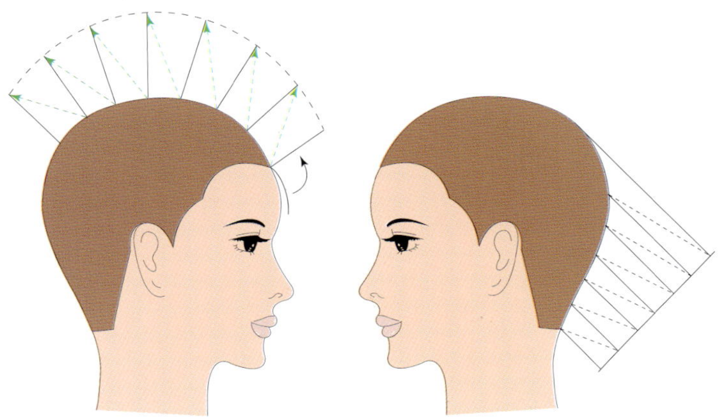

다중 가이드라인 고정 가이드라인을 이용하여 시술하다 원하는 길이에 다다르지 않을 경우 새로운 가이드를 설정하여 커트하는 방법이다.

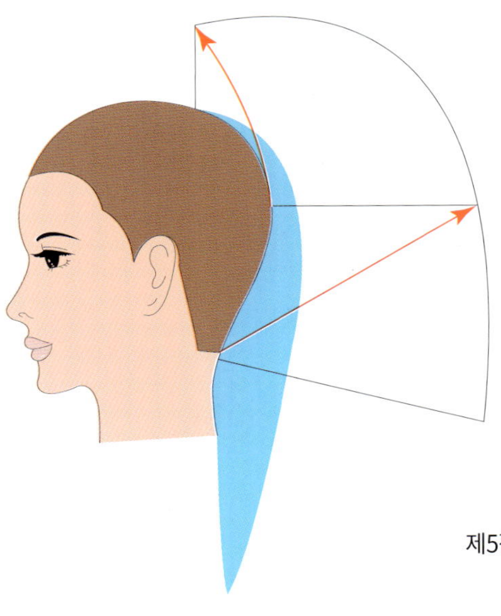

8. 커트 테크닉(Cut Technique)

커트 절차에 따라 시술방법을 설정한 후 커트할 도구와 도구에 따른 기법을 정하게 된다. 같은 형태라도 도구의 결정과 기법은 이미지 결정에 매우 큰 변화를 줄 수 있다. 스타일에 따라 적절한 도구와 기법을 사용하여 정확한 기법을 구사할 수 있도록 숙련도를 높여야 할 것이다.

1) 가위를 이용한 테크닉

블런트 (Blunt) 모발면과 수직으로 커트하며 단정하고 깔끔한 느낌을 줄 수 있다.

나칭 (Notching) 가위의 날을 약 45° 대각으로 세워서 모발 끝부분에 규칙적이면서 다소 둔탁한 형태선을 만드는 방법이다. 포인트 커트라고도 한다.

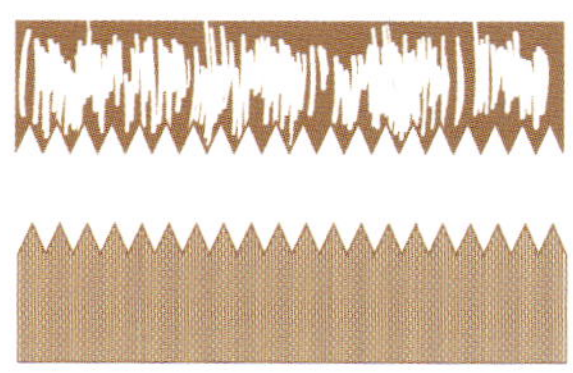

포인팅 (Pointings) 모발 끝에 불규칙한 율동감을 주기위해 가위의 끝부분을 사용하여 튕겨주듯 시술하는 방법이다.

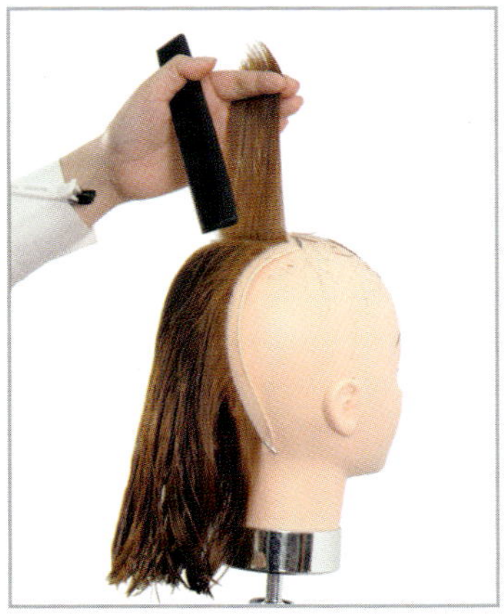

슬라이싱 (Slicing) 방향감을 목적으로 모발의 가닥에 가위의 날을 세로로 세워서 미끄러지듯 시술하는 방법이다.

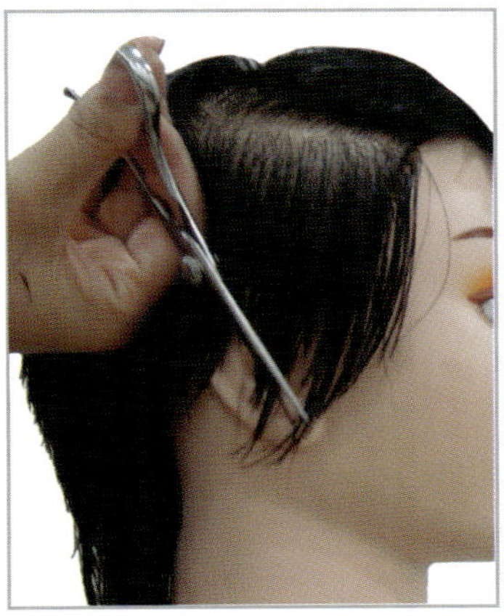

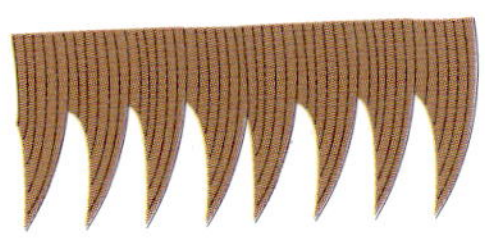

슬라이딩 (Sliding) 형태를 만들기 위해 가위의 날을 미끄러뜨리듯이 자르는 방법이다. 짧은 모발에서 아주 긴 모발까지 연결감있게 시술할 수 있다.

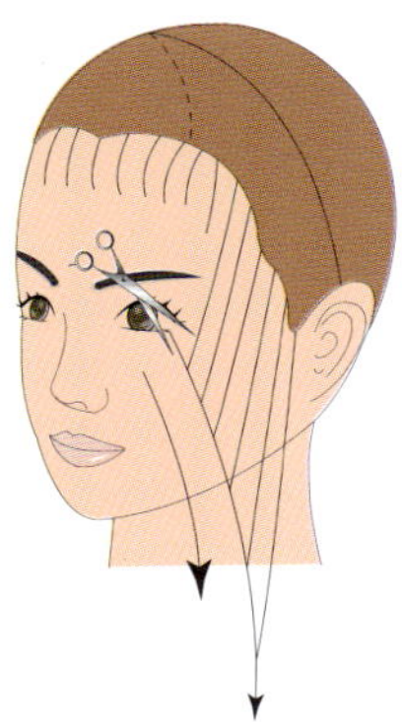

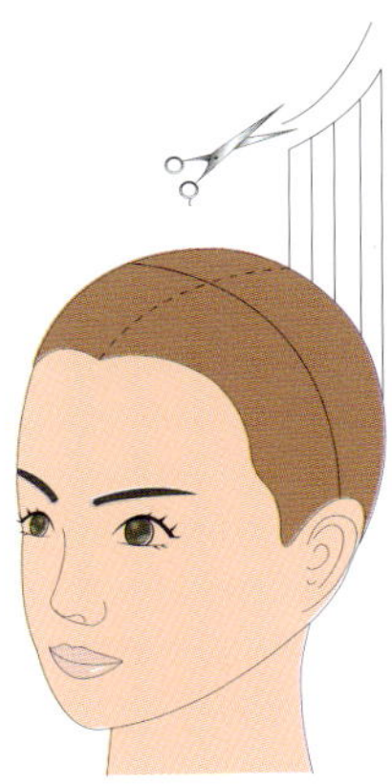

2) 레져를 이용한 테크닉

레져를 이용한 커트는 빠른 작업과정과 형태와 더불어 질감까지 시술할 수 있다는 장점이 있다. 그러나 반드시 젖은 모발에 시술하여야 한다. 레져는 길이를 제거하여 형태를 만드는 기법과 질감을 만드는 기법으로 나눌 수 있다.

에칭(Etching) 모발의 측면과 겉면에서 시술할 수 있다. 스트록의 깊이 정도에 따라 모량 감소와 율동감이 증가되며, 도구의 위치에 따라 방향감이 생긴다.

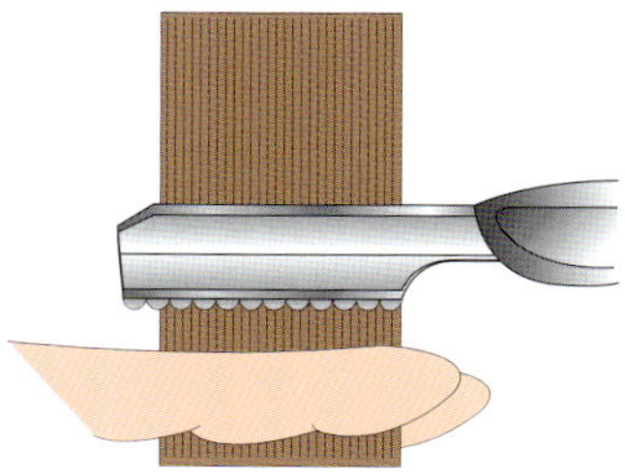

아킹(Arcing) 모발의 안쪽에서 한번에 호를 그리며 시술한다. 이에 따라 질감보다는 형태가 강조되어 깔끔한 형태선을 유지할 수 있다. 모발의 안쪽에 레져가 들어가 시술하므로 안쪽으로의 방향감이 생긴다.

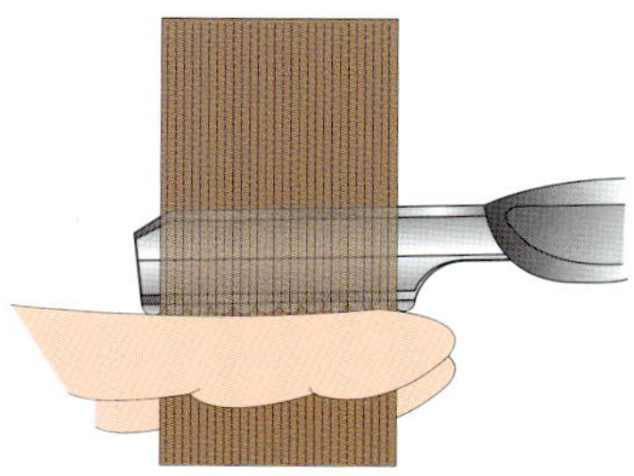

9. Scalp Hair Cut시 유의사항

1) cut 시술 전에 반드시 shampoo를 해야 하지만 부득이한 사정으로 sprayer를 사용해야 할 경우는, 모든 부위에 물이 충분히 묻도록 분무한 뒤 cut을 끝낼 때까지 hair에 물기가 젖어 있어야 한다.
2) 고객의 모발과 두상의 특징을 잘 관찰한다. 예를 들어 불규칙한 면을 찾기 위해 두상의 모양을 만져 보고, 귀의 돌출 정도, 모발의 굵기, texture의 변화, 그리고 상처나 흉터, 가마의 위치와 갯수 등을 확인한다.
3) 모류의 방향을 이용한 cut을 함으로써 hair line에 자연스러움을 유지한다.
4) cut 시술할 때 눈의 위치는 필요에 따라 가위(작업 위치)와 같거나 약간 높게 두고, 발은 어깨 넓이로 벌리며 한쪽 발은 약간 앞으로 내밀어 무릎이 쉽게 굽혀질 수 있도록 하는 등 안정된 자세를 취한다.
5) 헤어스타일에 적합한 cut용 빗 또는 도구나 기구를 사용해야 한다.
6) 빗질은 모발의 흐름대로 모근에서 모간까지 자연스럽게 빗으며, 당겨지지 않게 또는 head 자체가 흔들리지 않게 빗는다.
7) parting은 1㎝내외의 간격으로 가이드 라인이 잘 확인될 수 있도록 얇게 슬라이스 한다.
8) cut가 끝났을 때에는 고객으로부터 조금 떨어져 관찰해야만 전체 hair cut의 잘못된 부분이나 비율이 맞지 않은 부분을 체크할 수 있다.
9) blow dry 후 디자이너의 감성을 이용해 fringe와 out line을 질감처리 함으로서 한층 자연스러운 style을 표현할 수 있다.

10. 부분가발을 이용한 커트 시스템

체계적인 헤어커트를 시술하기 위하여 단계별 부분가발을 이용하여 실기에 따른 이론을 이해하고, 소량의 두발에 커트기법을 연습할 수 있도록 한다.

먼저 사각가발에 빗질과 가위의 자세를 익히고, 천체축의 선들을 이해한 다음 파팅에 따른 다양한 분배와 시술 각에 대하여 익히도록 한다.

두상에서 더넓은 부분인 옆 가발에 커트할 때는 두상 곡면의 불규칙한 발제선과 튀어나온 귀 등에서 빗질에 따른 텐션에 유의한다. 그리고 마네킹이나 덧 가발에 미적, 기술적 요소들을 바탕으로 헤어디자인연출을 가능케 한다. 궁극적으로 이 단계별 시스템은 디자이너로서 생각하고, 유행경향에 맞는 커트를 창조하는 능력을 배양시켜 줄 것이다.

사각가발

반가발

전체 가발

제 6 장

One-length Form

1. One-length Form Overview

1) 정 의
2) 구 조
3) 섹셔닝 / 파팅
4) 분 배
5) 시술각

2. 원랭스 수평라인

1) 사각가발 시술절차
2) 전체가발 시술절차 분석

3. 원랭스 컨케이브라인

1) 반가발 시술절차
2) 전체가발 시술절차 분석

4. 원랭스 컨벡스라인

1) 반 가발 시술절차
2) 전체 가발 시술절차 분석

제 6 장

One-length Form

1. One-length Form Overview

1) 정 의

원랭스란 중력에 의해 자연스럽게 내려진 모발을 커트했을 때 층이 전혀 없고 하나의 라인에서 만나는 형태이다. 따라서 모발의 가장자리에 무게감을 형성하고 강한 느낌을 준다. 특히 모량이 많고 직모인 경우는 One-length line은 한층 더 단정하고 세련된 이미지를 연출할 수 있다. 또한 선의 방향에 따라 수평, 컨벡스, 컨케이브등 다양한 shape를 연출할 수 있다.

수 평

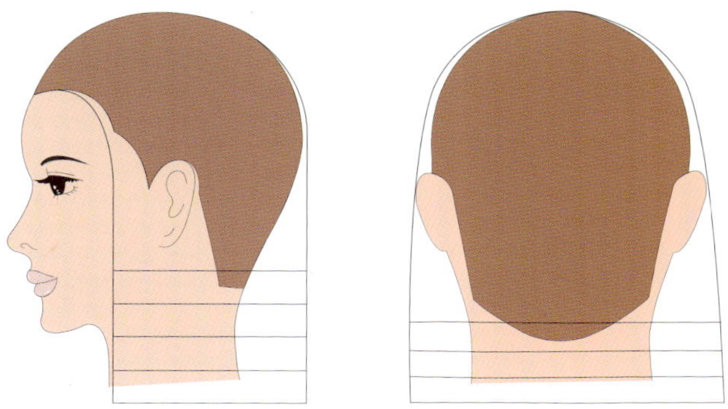

컨케이브

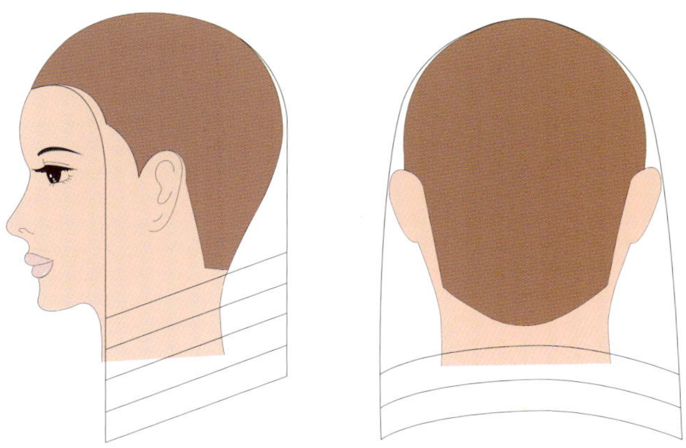

컨벡스

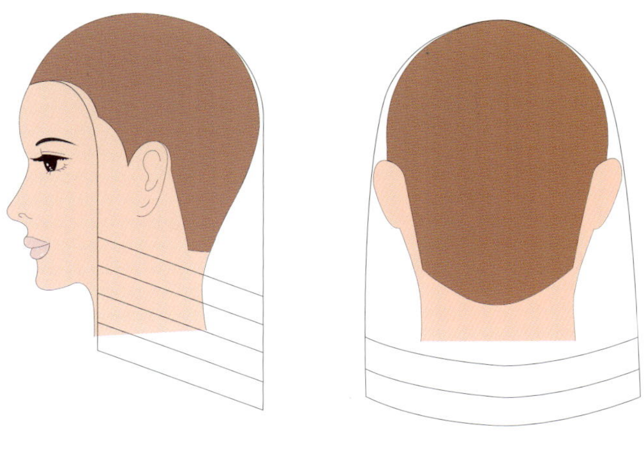

2) 구 조

원랭스 형은 엑스테리어(exterior)에서 인테리어(interior)로 갈수록 모발의 길이가 증가하며 모든 모발이 같은 높이에 떨어져 가장자리에 무게감을 형성한다.

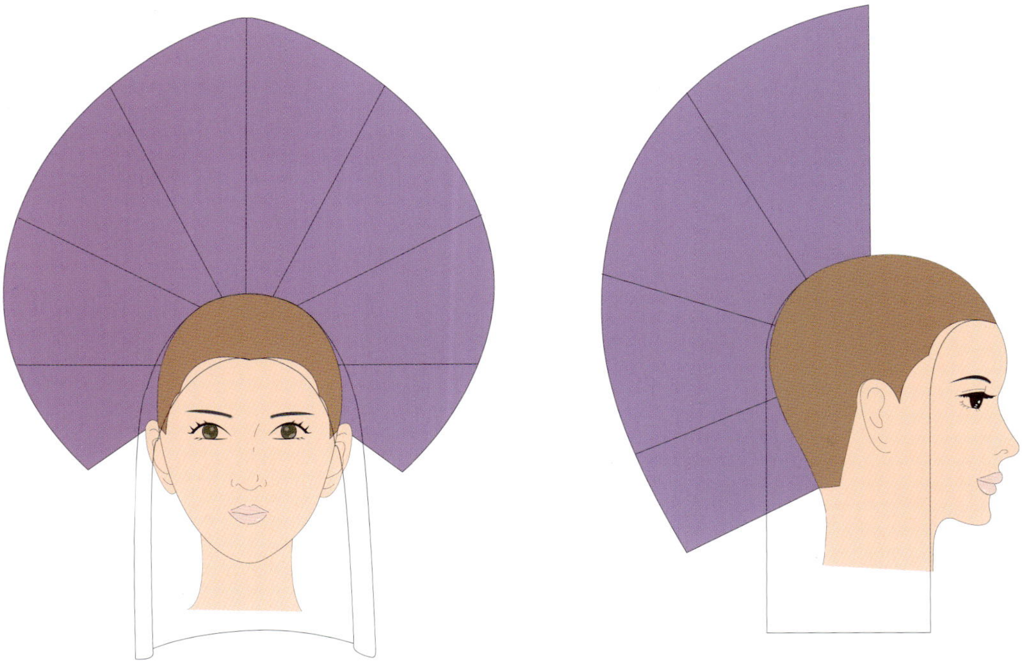

3) 섹셔닝 / 파팅

기본 파팅은 수평(horizontal parting)이며 커트 라인의 형태에 따라 전대각(diagonal forward), 후대각(diagonal backward)이 이용되기도 한다.

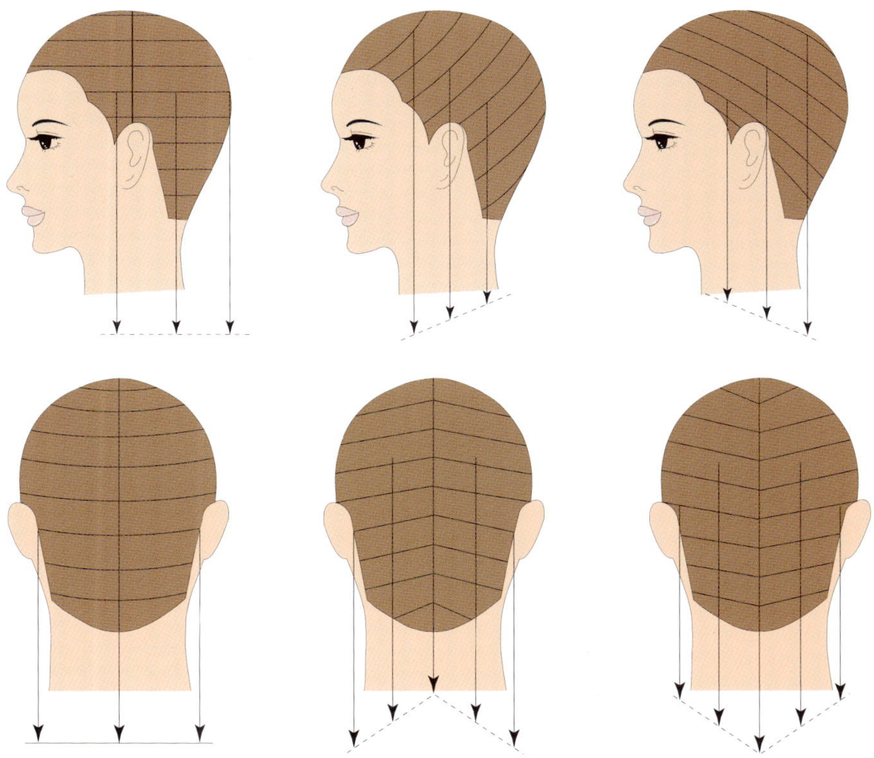

수평-호리존탈 라인　　전대각-컨케이브 라인　　후대각-컨벡스 라인

4) 분 배

원랭스형은 자연분배가 이용된다.

자연분배는 모발의 성장 패턴을 고려하여 크레스트(crest) 윗부분에서는 두상곡면 따라 최소한의 텐션으로 자연스럽게 빗질하는 것이 중요하다.

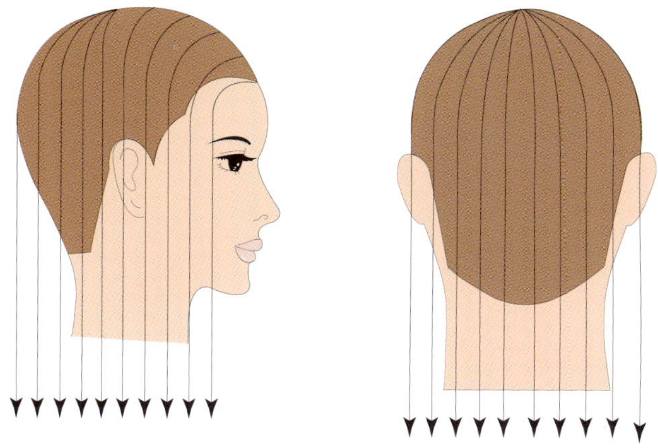

5) 시술각

원랭스형을 커트하기 위해서 이용되는 시술각은 자연시술각과 0°이다.

자연시술각(natural fall)은 자연분배에 따라 중력에 의한 자연스럽게 떨어지는 모발의 각도이다.

0°의 시술각은 두상의 곡면 따라 skin cut하게 되면 nape의 안쪽 모발이 약간 짧아져 속마름의 효과를 기대할 수 있다.

자연시술각

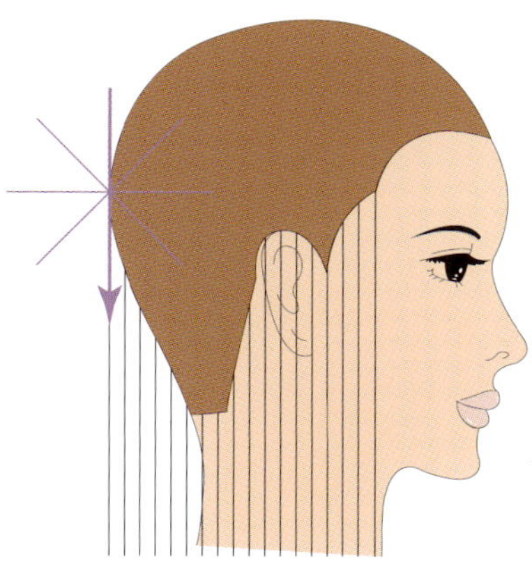

0° 시술각

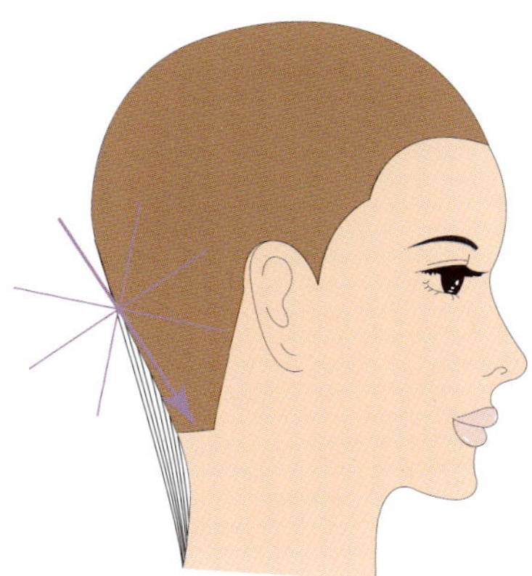

2. 원랭스 수평라인

1) 사각가발 시술절차

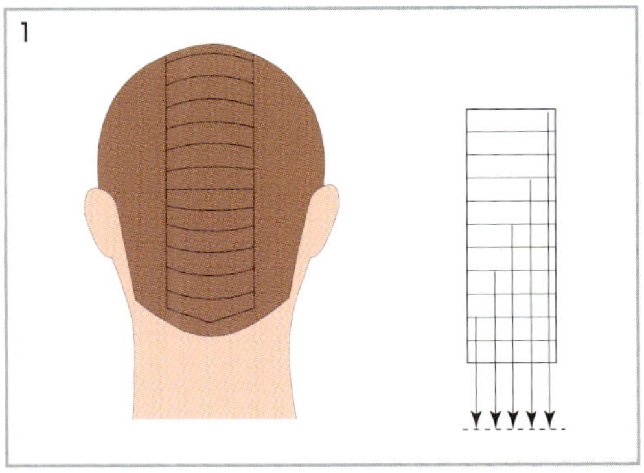

1. 사각가발을 이용하여 커트된 원랭스 수평형은 모든 모발이 한 높이에 떨어진다.

2. N.P부분에서 머리위치를 똑바로 한 다음 수평 파팅 한다.

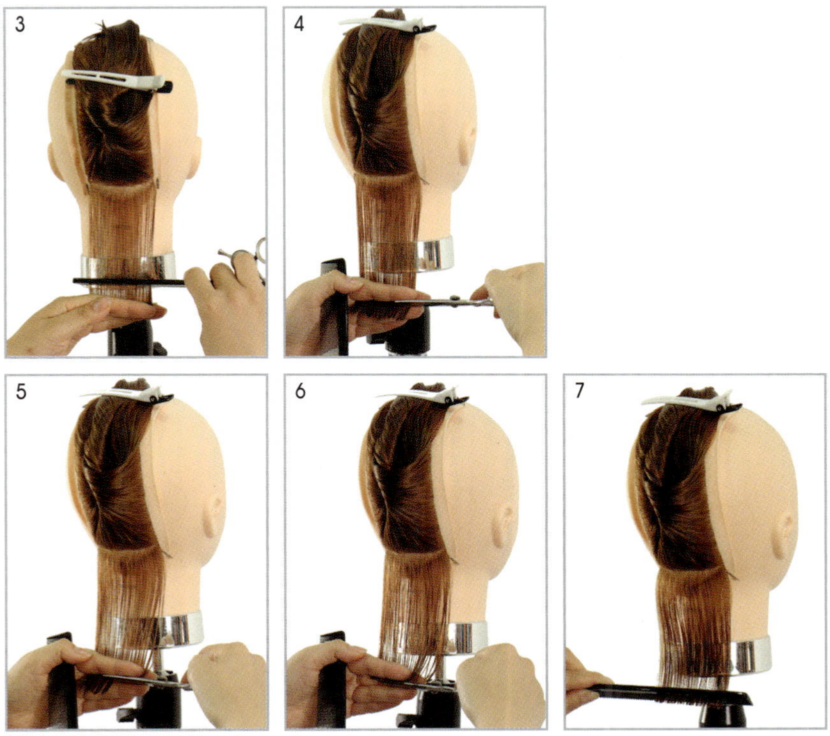

3~7. 빗살이 촘촘한 부분을 이용하여 모발을 자연분배 한다. 이때 손가락은 빗과 평행하고, 자연시술각으로 고정 가이드라인으로 수평 커트한다.

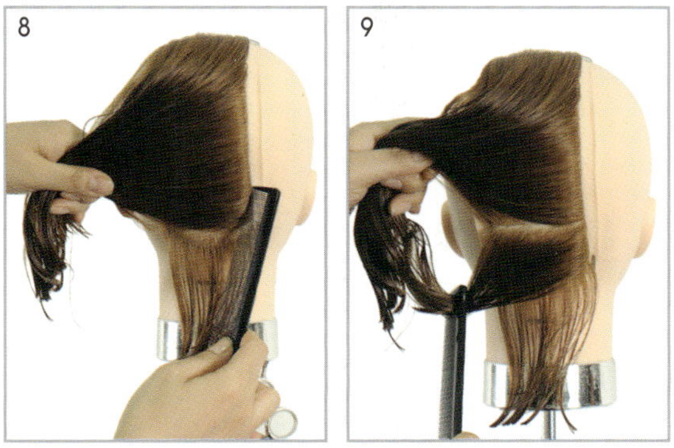

8~9. 계속해서 같은 방법으로 수평 파팅하여 가이드라인에 맞추어 커트한다.

10~13. Base parting에 평행하게 커트하며, 계속해서 자연시술각으로 시술한다.

14~15. 커트를 완성해가면서 모발을 당기거나 자연시술각에서 들어 올리지 않도록 주의한다.

2) 전체가발 시술절차 분석

섹셔닝	C.P~N.P(정중선) 후두부	E.P~to~E.P(측중선) 사이드~전두부
머리위치	똑바로	똑바로
파팅	수평	수평
분배	자연	자연
시술각	자연	자연
손가락위치	평행	평행
가이드라인	고정	고정
기법	블런트	블런트

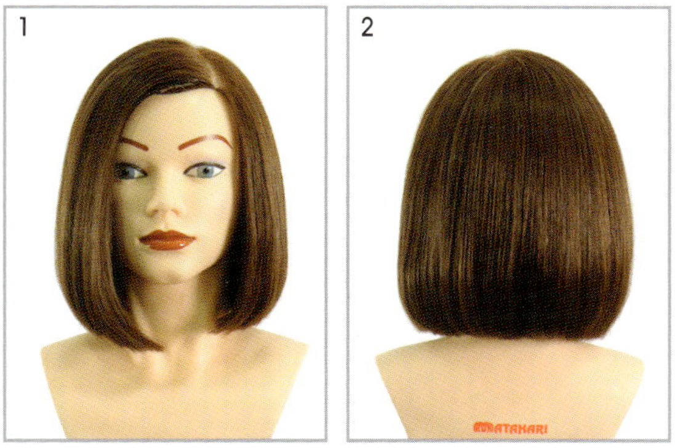

1~2. 수평 원랭스 형은 고전적이며 심플한 디자인으로, 앞가르마와 옆가르마로 표현할 수 있으며, 수평라인에 의해 가장자리에 무게선이 강조 된다.

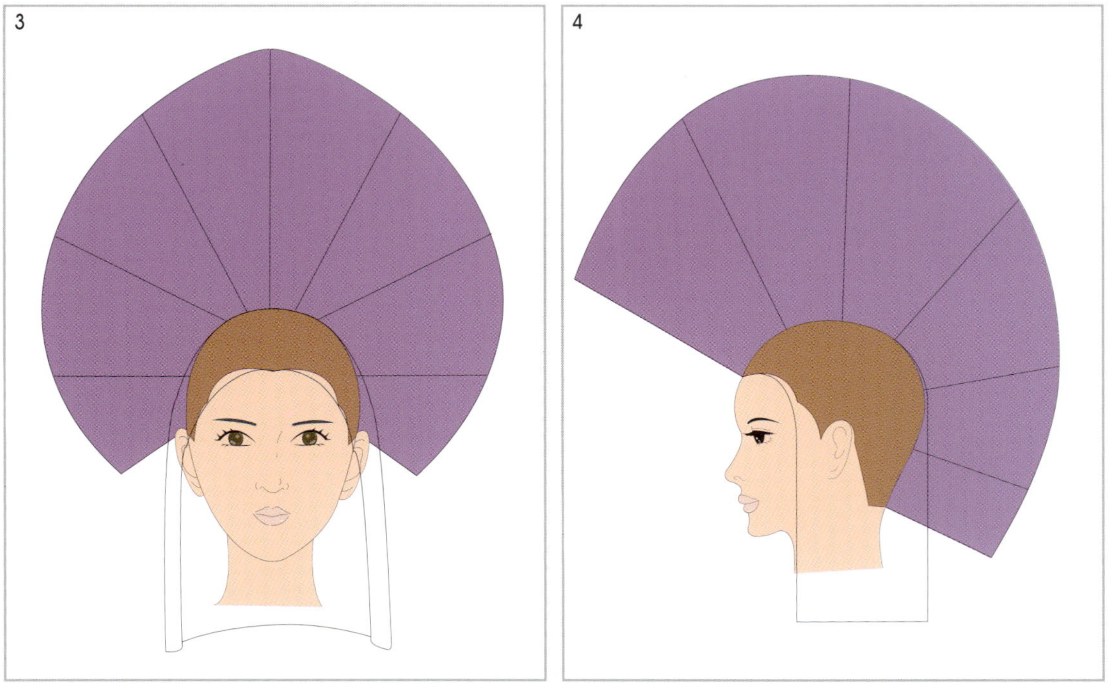

3~4. 도해도의 두상하부의 모발이 상부로 가면서 점진적으로 모발길이가 길어지는 배열상태이고, 커트된 모발은 같은 높이에 떨어진다.

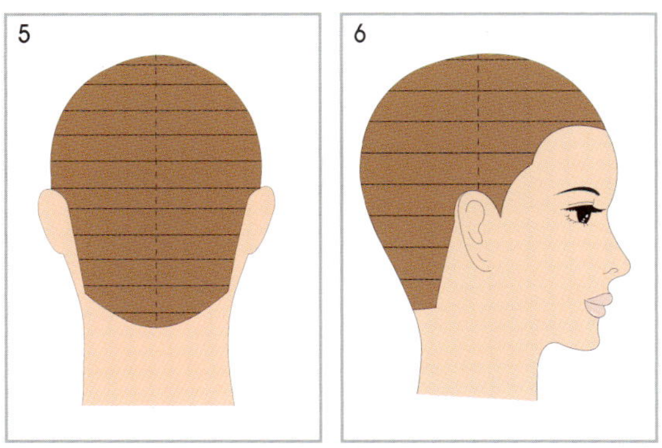

5~6. 파팅의 넓이가 일정하고 평행해야 한다.

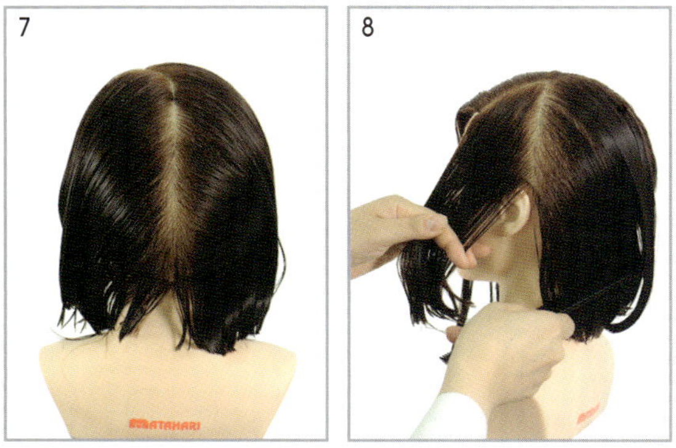

7~8. 모발을 충분히 적신 후 정중선과 측중선으로 분할 한다.

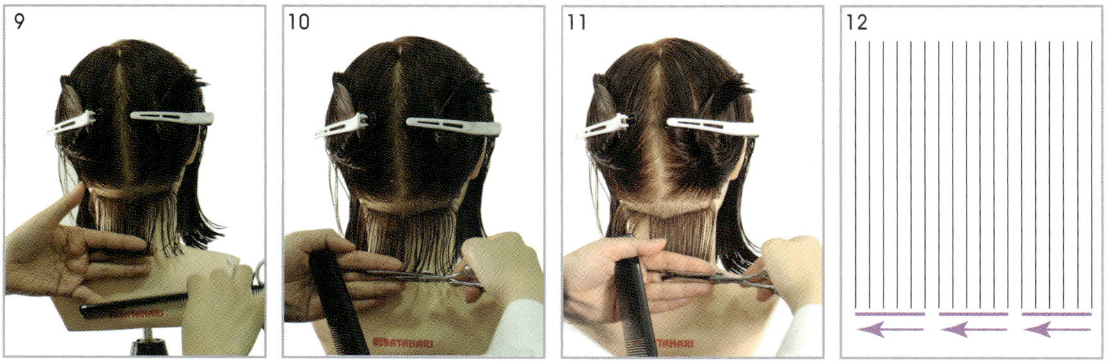

9~12. C.P~N.P , E.P~T.P~E.P 분할선을 이용하여 4등분 섹셔닝 한다음 수평 파팅하여 수평 커트한다. 모발을 중력에 의해 떨어지는 방향으로 자연 분배하여 커트시 파팅과 빗, 손가락, 가위 모두 평행해야 정확한 수평 bobline을 만들 수 있다.

13~14. 계속해서 같은 방법으로 수평 파팅하여 가이드 라인에 맞추어 커트한다.

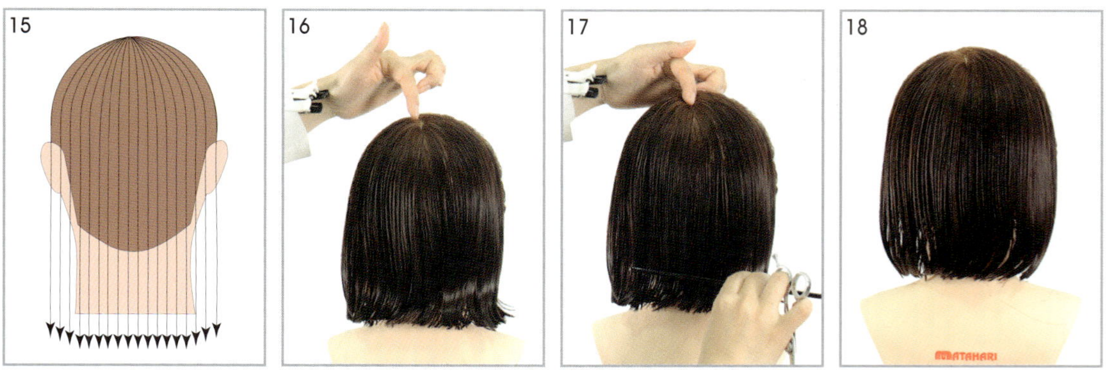

15~18. Top부분은 방사선 빗질을 이용하여 모발의 방향을 충분히 고려하여 tension 없이 커트한다.

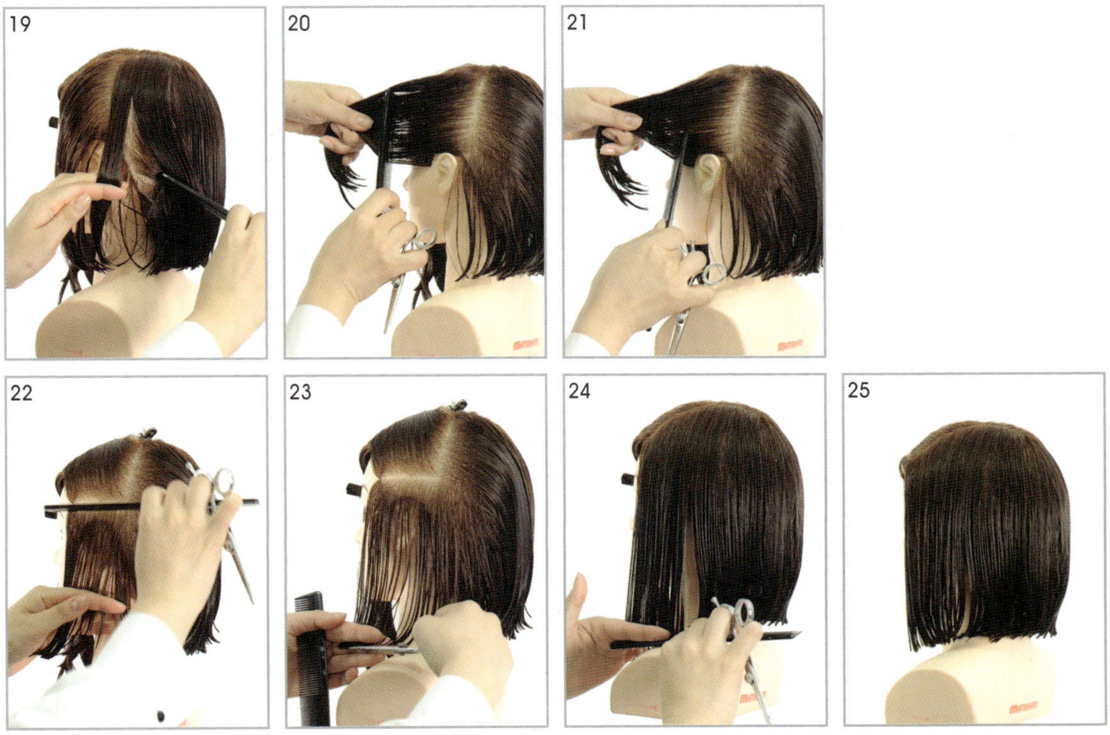

19~25. side 부분은 먼저 커트한 후두부의 가이드 모발에 의해 연결될 수 있도록 커트한다. 특히 귀 윗 모발은 귀 위에 얹혀지는 모발이므로 tension없이 커트한다.

26~30. 반대쪽 side는 먼저 커트한 side 모발 중 S.C.P 가이드라인을 설정한 후 양쪽 모발 길이를 check 한다. 그리고 전두부의 모발은 헤어라인을 따라 약간의 곡선으로 빗질하여 bob line을 정확하게 표현한다.

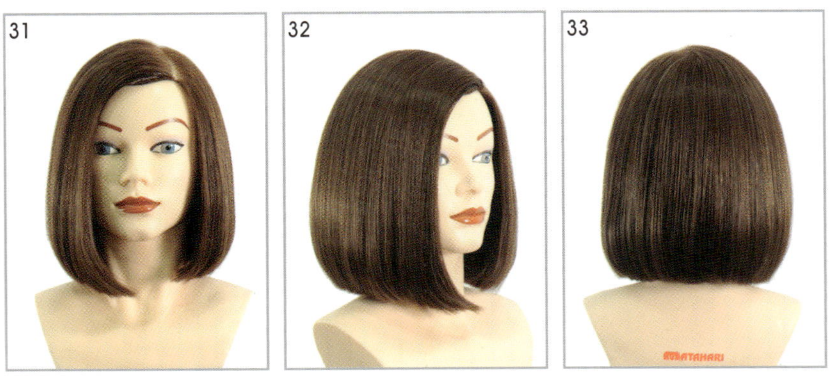

31~33. 완성된 모습

3. 원랭스 컨케이브라인

1) 반가발 시술절차

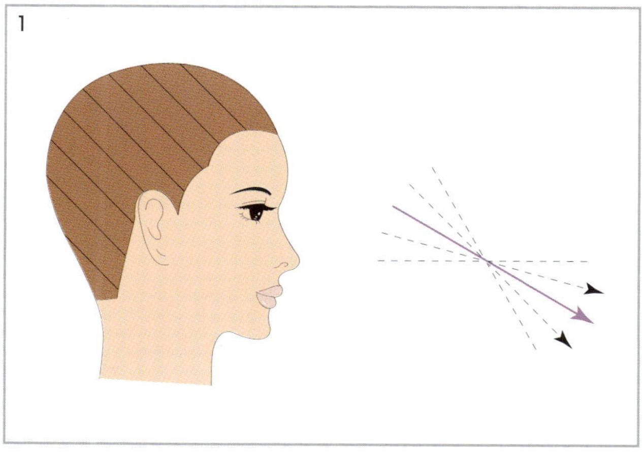

1. 반가발을 이용하여 커트된 원랭스 컨케이브라인은 전대각의 기울기, 모발의 길이에 따라 변화된다.

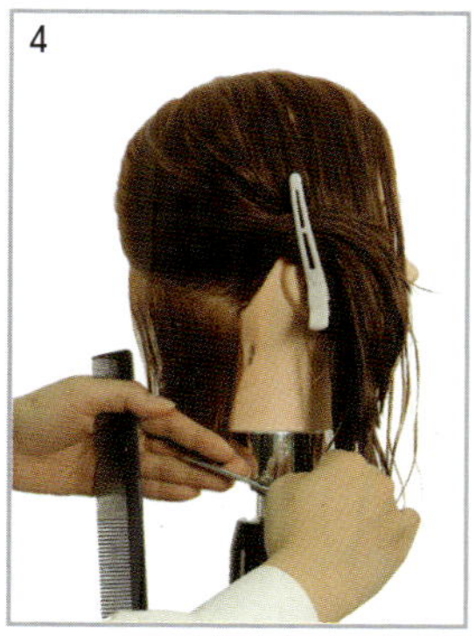

2. N.P부분에서 머리위치를 똑바로 한 다음 전대각 파팅, 자연시술각으로 손가락은 베이스파팅에 평행하게 커트한다.

3~4. 빗살이 촘촘한 부분을 이용하여 계속해서 같은 방법으로 가이드라인에 맞추어 커트한다.

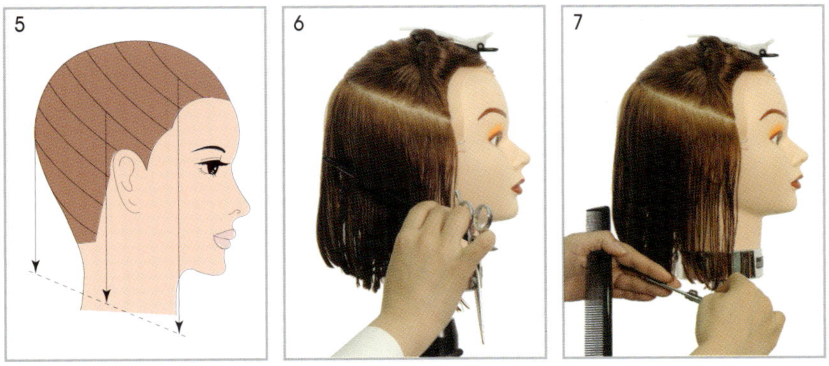

5~7. side는 후두부의 대각 기울기에 맞추어 전대각 파팅, 자연시술각을 유지하면서, 특히 귀 윗 모발은 귀 위에 얹혀지는 모발이므로 tension없이 커트한다.

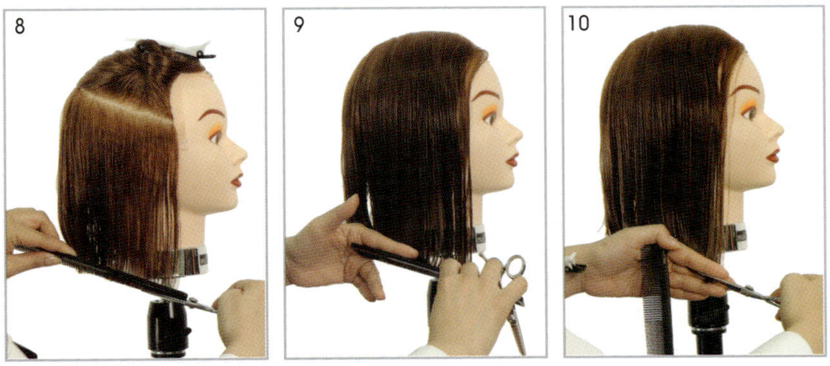

8~10. 전두부의 헤어라인을 커트할 때 약간의 곡선으로 분배함으로서, side의 전대각 무게선을 유지할 수 있다.

11. 반 가발에서 전대각 라인 무게감이 얼굴쪽으로 길어지는 원랭스 형이다.

2) 전체가발 시술절차 분석

섹셔닝	C.P~N.P(정중선) 후두부	E.P~to~E.P(측중선) 사이드~전두부
머리위치	똑바로	똑바로
파팅	전대각	전대각
분배	자연	자연
시술각	자연	자연
손가락위치	평행	평행
가이드라인	고정	고정
기법	블런트	블런트

1~2. 전대각과 컨케이브라인 디자인으로 어깨위에 길이로 커트할 때 가장 효과적이다.

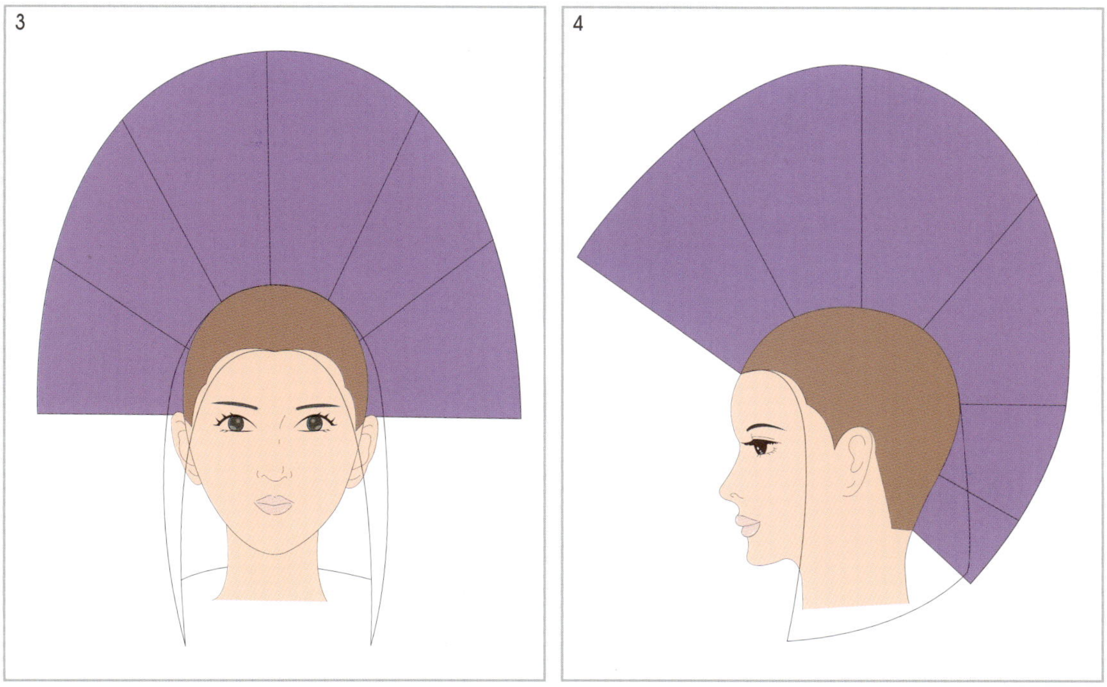

3~4. 도해도의 두상하부의 모발이 상부로 가면서 점진적으로 모발길이가 길어지는 배열상태이고, side의 전대각 라인은 후두부 쪽으로 모발길이가 짧아진다.

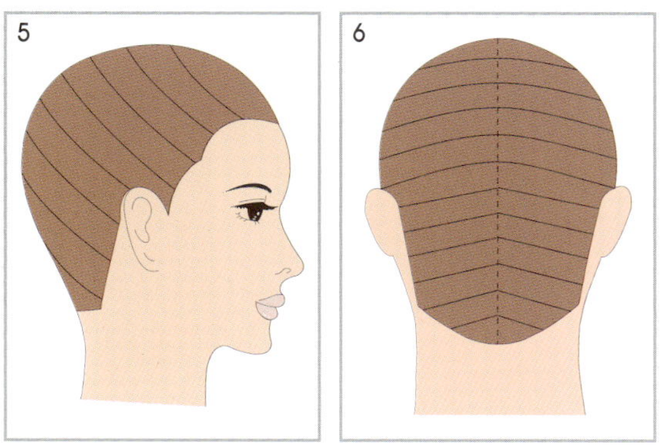

5~6. 파팅의 넓이가 1~2㎝로 전대각의 기울기가 일정해야한다.

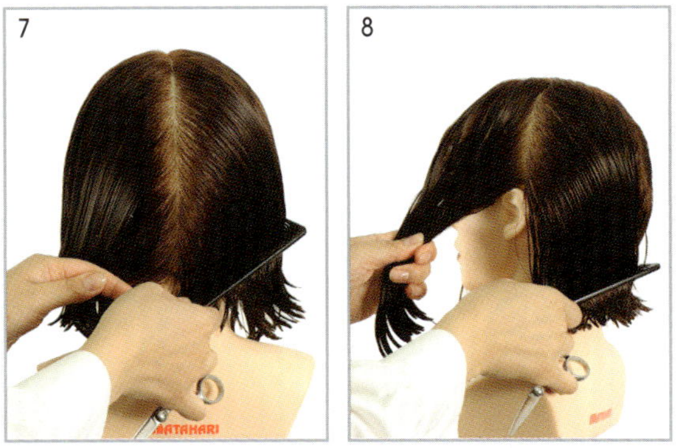

7~8. 모발을 충분히 적신 후 정중선과 측중선으로 분할
한다.

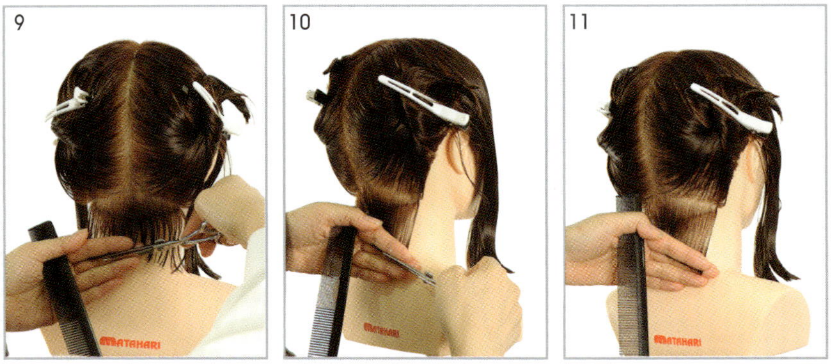

9~11. C.P~N.P , E.P~T.P~E.P 분할선을 이용하여 4등분 섹셔닝 한 다음, 전대각 파팅으로 모발을 중력에 의해 떨어지는 방향으로 자연 분배하여 커트시 파팅과 빗, 손가락, 가위 모두 평행해야 정확한 컨케이브 라인을 연출할 수 있다.

12~14. 계속해서 같은 방법으로 전대각 파팅하여 가이드라인에 맞추어 커트한다.

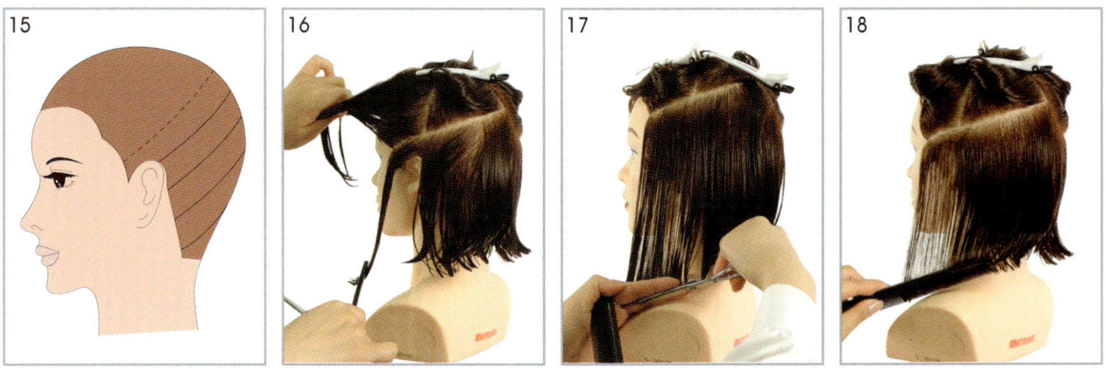

15~18. crest와 side 부분을 연결하는 전대각파팅 나눈 후, 모발이 중력에 의해 떨어지는 방향으로 자연 분배하여 커트 시 파팅과 빗, 손가락, 가위 모두 평행해야 한다. 특히 귀 윗 모발은 귀 위에 얹혀지는 모발이므로 tension없이 커트한다.

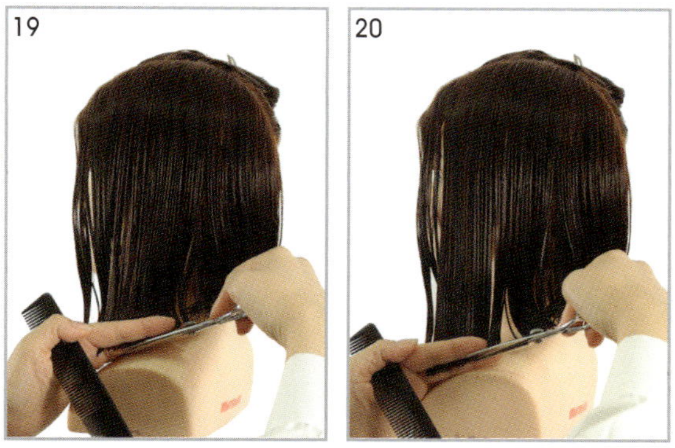

19~20. top 부분은 모발의 방향을 충분히 고려하여 tension없이 커트한다.

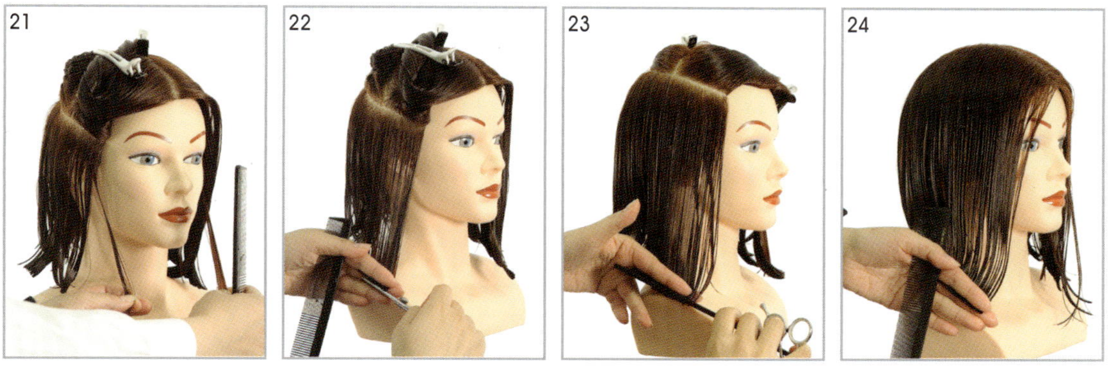

21~24. 반대쪽 side는 먼저 커트한 side 모발 중 S.C.P 가이드라인을 설정한 후 양쪽 모발 길이를 check 한다. 그리고 전두부의 모발은 헤어라인을 따라 약간의 곡선으로 빗질하여 bob line을 정확하게 표현한다.

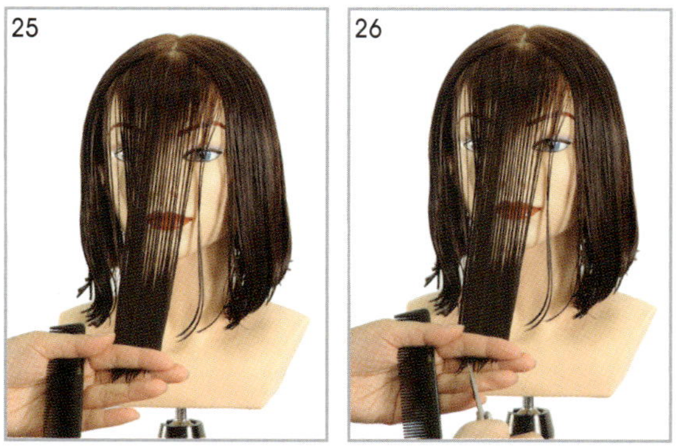

25~26. C.P부분의 모발이 자연스럽게 표현하기위해 재 커트한다.

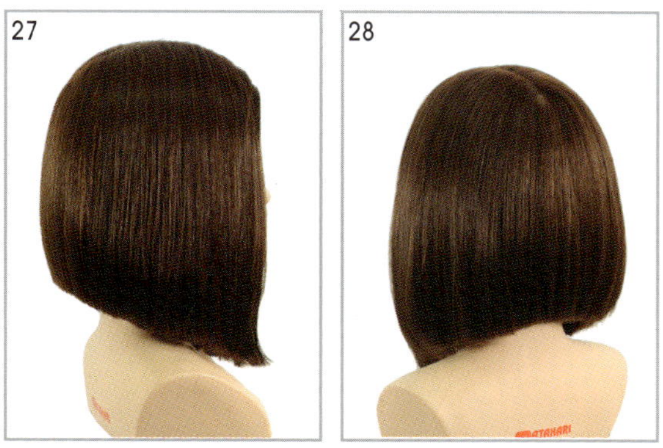

27~28. 원랭스 스파니엘형은 전대각의 concave line (컨케이브라인)이 특징이다.

4. 원랭스 컨벡스라인

1) 반가발 시술절차

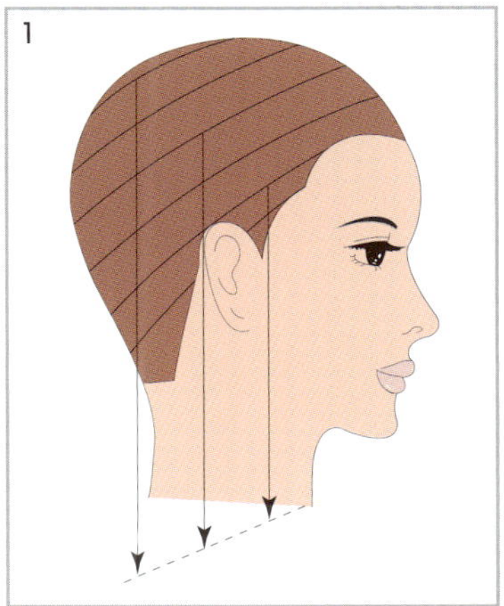

1. 반가발을 이용하여 커트된 원랭스 컨벡스라인은 후대각의 기울기, 모발의 길이에 따라 변화된다.

2. N.P부분에서 머리위치를 똑바로 한 다음 후대각 파팅, 자연시술각으로 손가락은 베이스파팅에 평행하게 커트한다.

3~4. 빗살이 촘촘한 부분을 이용하여 계속해서 같은 방법으로 가이드라인에 맞추어 커트한다.

5~7. side는 후두부의 대각 기울기에 맞추어 후대각 파팅, 자연시술각을 유지하면서, 특히 귀 윗 모발은 귀 위에 얹혀지는 모발이므로 tension없이 커트한다.

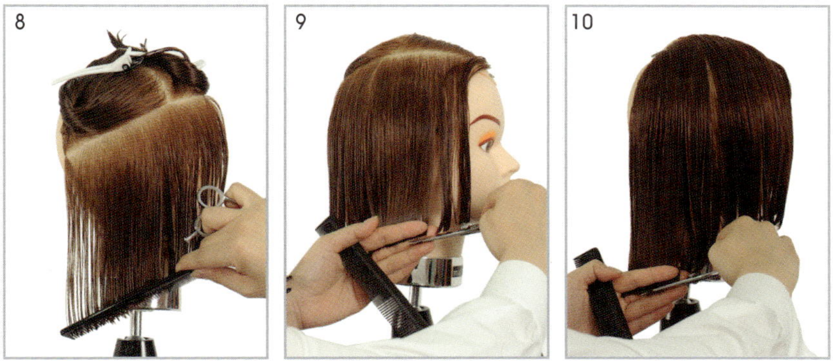

8~10. 전두부의 헤어라인을 커트할 때 약간의 곡선으로 분배함으로서, side의 후대각 무게선을 유지할 수 있다.

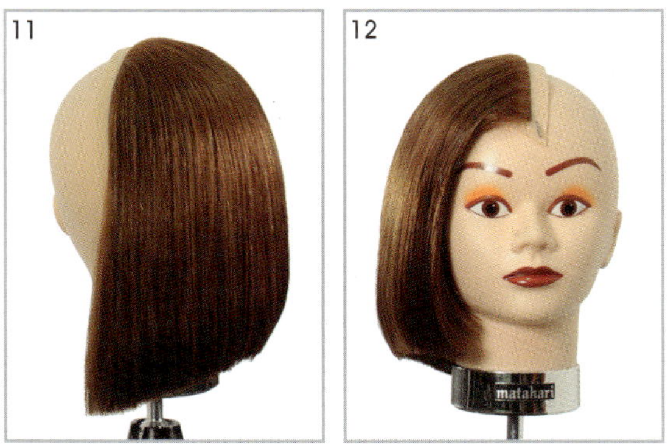

11~12. 반가발에서 무게감이 후대각라인을 따라 흐르는 원랭스형이다.

2) 전체 가발 시술절차 분석

섹셔닝	C.P~N.P(정중선) 후두부	E.P~to~E.P(측중선) 사이드~전두부
머리위치	똑바로	똑바로
파팅	후대각	후대각
분배	자연	자연
시술각	자연 0°	자연
손가락위치	평행	평행
가이드라인	고정	고정
기법	블런트	블런트

1~2. 후대각 파팅에 의한 컨벡스라인 원랭스형은 앞가르마와 옆가르마로 표현할 수 있다.

3~4. 도해도의 두상하부의 모발이 상부로 가면서 점진적으로 모발길이가 길어지는 배열상태이고, side의 후대각 라인은 후두부쪽으로 모발길이가 길어진다.

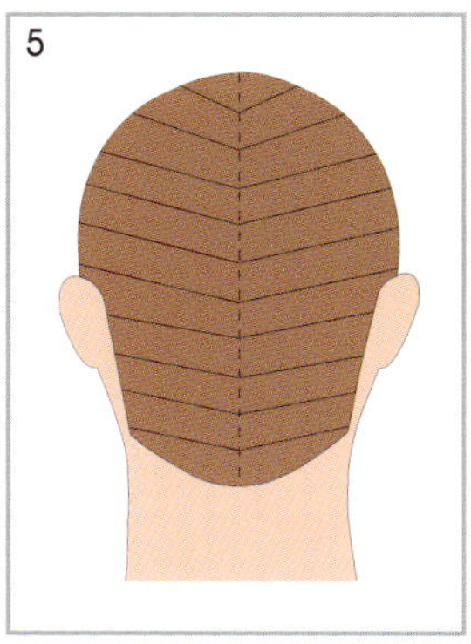

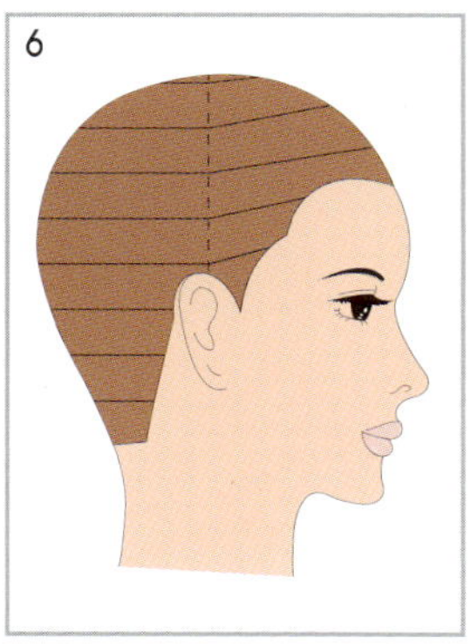

5~6. 파팅의 넓이가 1㎝ 내외로 후대각의 기울기가 일정해야 한다.

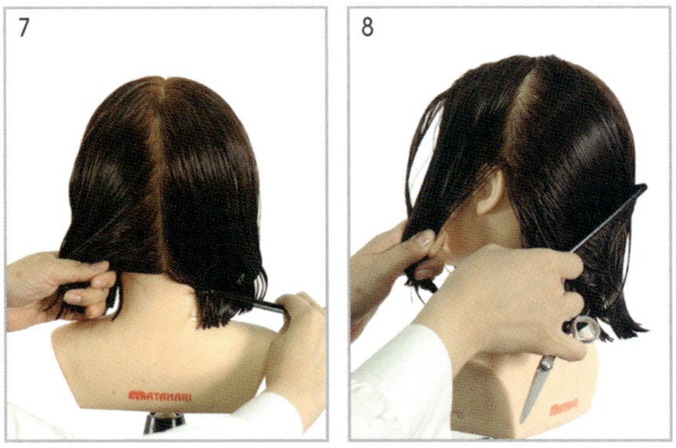

7~8. 모발을 충분히 적신 후 정중선과 측중 선으로 분할한다.

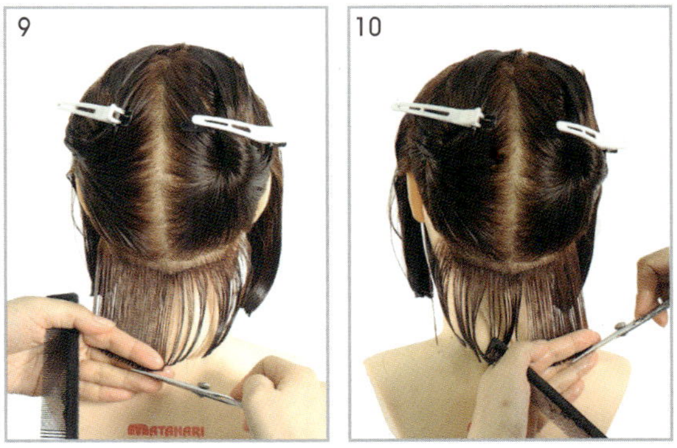

9~10. C.P~N.P, E.P~T.P~E.P 분할선을 이용하여 4등분 섹셔닝 한 다음, 후대각 파팅으로 모발을 중력에 의해 떨어지는 방향으로 자연 분배하여 커트시 파팅과 빗, 손가락, 가위 모두 평행해야 정확한 컨벡스 라인을 연출할 수 있다.

11~13. 계속해서 같은 방법으로 후대각 파팅하여 가이드라인에 맞추어 커트한다.

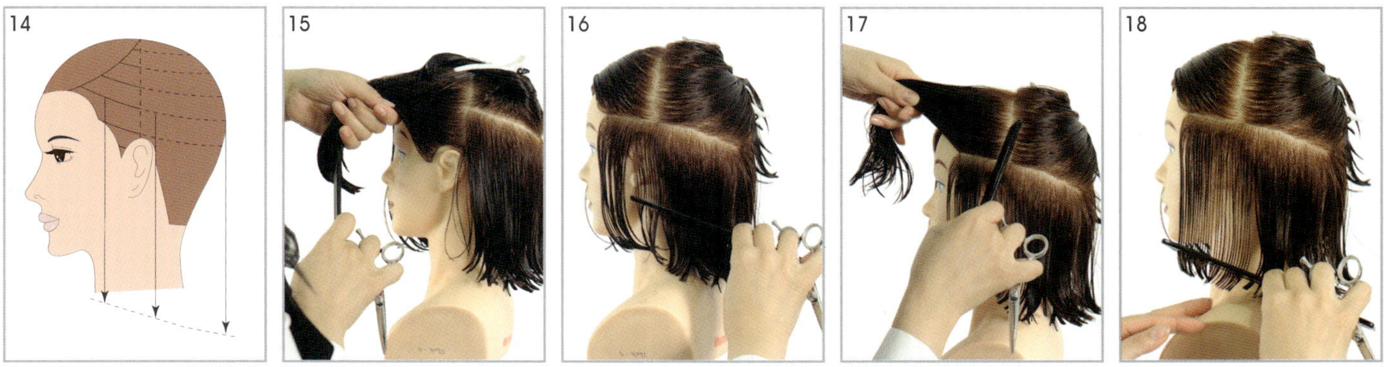

14~18. crest와 side 부분을 연결하는 후두부 파팅을 나눈후, 모발이 중력에 의해 떨어지는 방향으로 자연 분배하여 커트 시 파팅과 빗, 손가락, 가위 모두 평행해야 한다. 특히 귀 윗 모발은 귀 위에 얹혀지는 모발이므로 tension없이 커트한다.

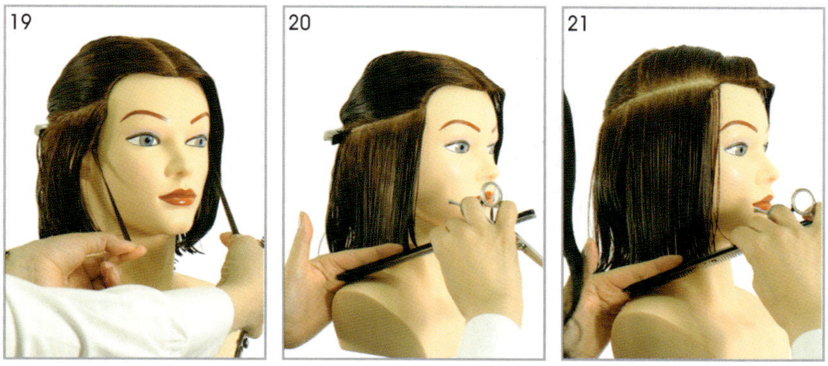

19~21. 반대쪽 side는 먼저 커트한 side 모발 중 S.C.P 가이드라인을 설정한 후 양쪽 모발 길이를 check 한다. 그리고 전두부의 모발은 헤어라인을 따라 약간의 곡선으로 빗질하여 bob line을 정확하게 표현한다.

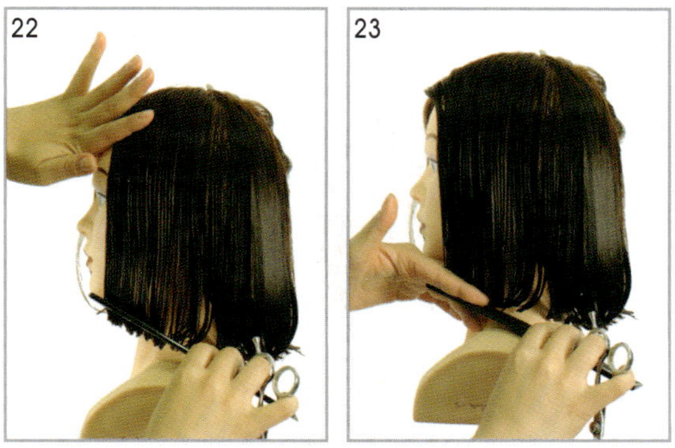

22~23. top부분은 방사선 빗질을 이용하여 모발의 방향을 충분히 고려하여 tension없이 커트한다.

24~25. 완성된 모습

제 7 장

Graduation Form

1. Graduation Form Overview

1) 정 의
2) 구 조
3) 섹셔닝 / 파팅
4) 분 배
5) 시술각
6) 가이드 라인

2. 그래쥬에이션 컨벡스라인

1) 반가발 낮은 시술각 시술절차
2) 전체 가발 시술절차 분석

3. 그래쥬에이션 컨케이브라인

1) 반가발 중간시술각 시술절차
2) 전체 가발 시술절차 분석

4. 그래쥬에이션 수평라인

1) 사각가발 높은시술각 시술절차
2) 전체 가발 시술절차 분석

제 7 장

Graduation Form

1. Graduation Form Overview

1) 정 의

그래쥬에이션 형태(graduation form)는 두상의 융기영역(crest zone)을 중심으로 상부영역의 모발은 in cut 기법이 요구되며 하부영역의 모발은 out cut기법으로 시술된다. 즉 in cut과 out cut의 조합기술로서 상부는 모발이 길고 하부는 상부보다 짧게 cut함으로써 무게감을 형성한다. 무게중심은 후두융기를 중심으로 위나 아래에 있으며 형태선은 삼각형의 모양이 형성된다.

1°~89°의 다양한 시술 각에 의해 동양인의 납작한 후두부(occipital bone)에 볼륨감을 연출할 수 있는 장점과 응용범위가 넓다.

2) 구 조

엑스테리어(exterior)의 그라데이션 커트된 모발이 인테리어(interior)로 갈수록 점진적으로 길어진다.

낮은

중간

높은

3) 섹셔닝 / 파팅

파팅은 커트 라인의 형태에 따라 수평(horizontal parting), 전대각(diagonal forward), 후대각(diagonal backward)이 이용되기도 한다. 그리고 수직 파팅에 의한 커트를 할 때에는 손가락 위치는 대각이 되어야 한다.

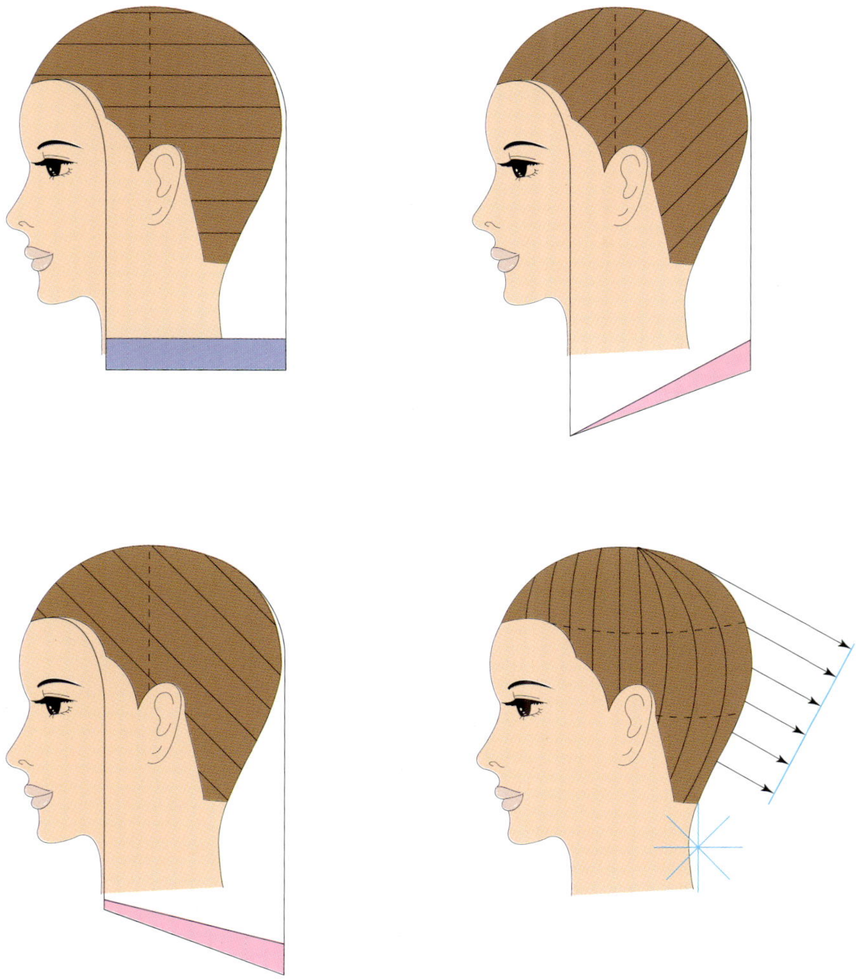

4) 분 배

다양한 그래쥬에이션 형을 연출하기 위해 자연, 직각, 변이 분배를 활용할 수 있다.

자연분배

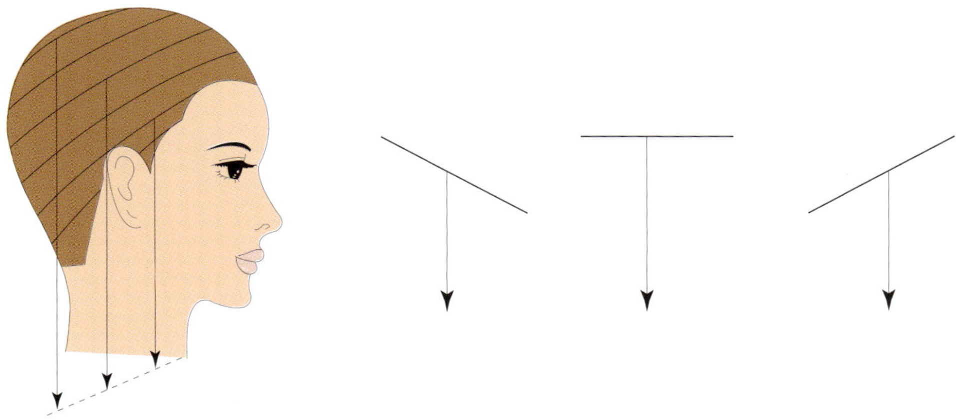

직각분배

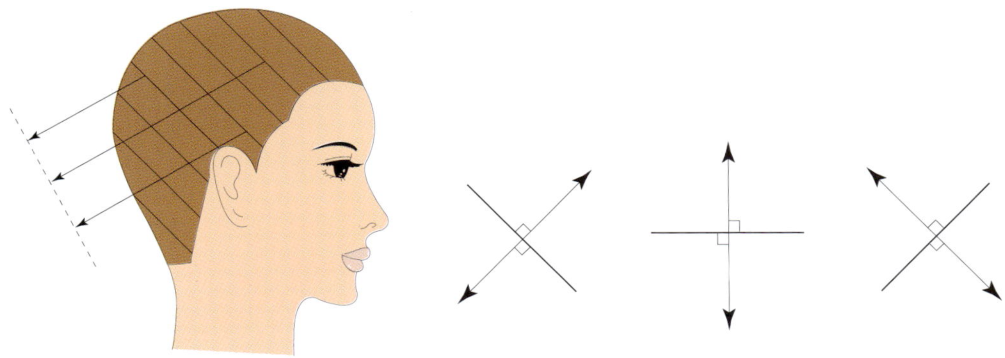

변이분배

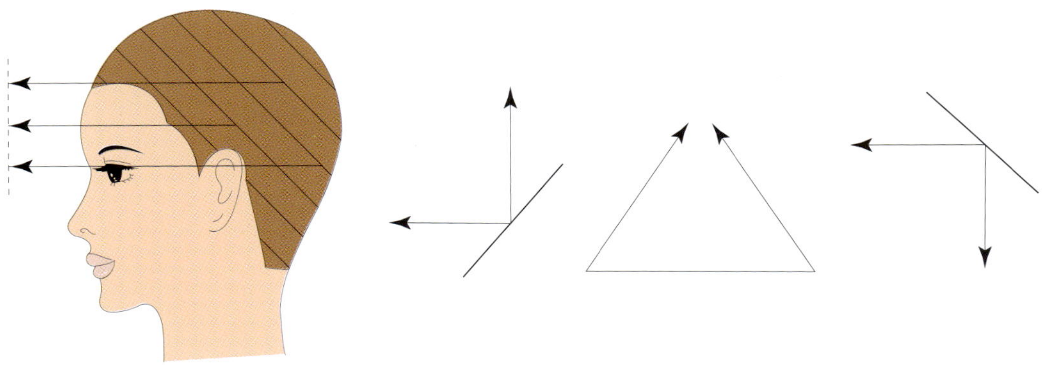

5) 시술각

그래쥬에이션 형은 가장 다양한 시술각에 의해 낮은, 중간, 높은 그라데이션 커트가 연출된다.

Low : 1~29° 이하

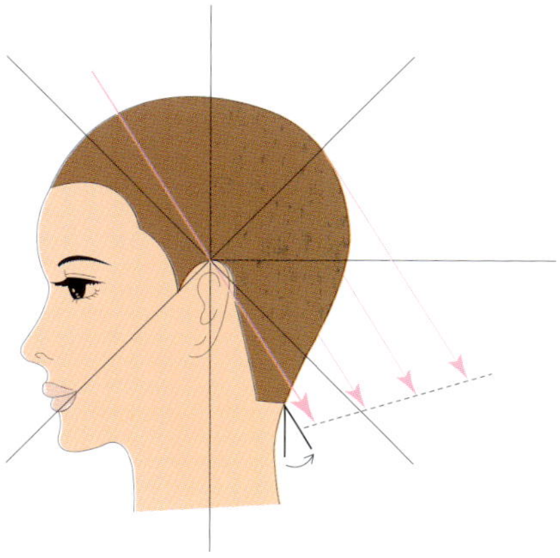

Medium : 30~59° 이하

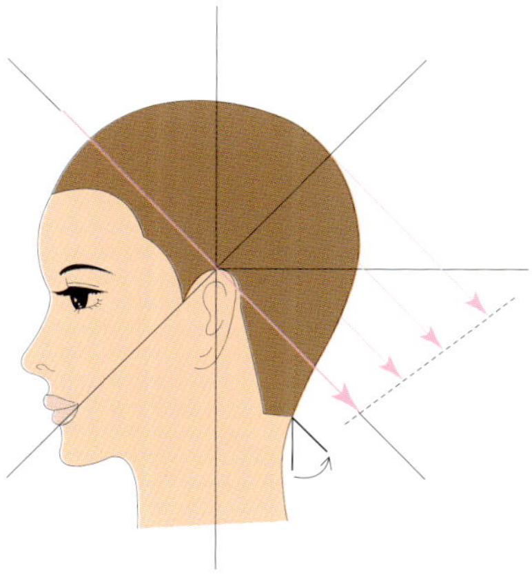

High : 60~89° 이하

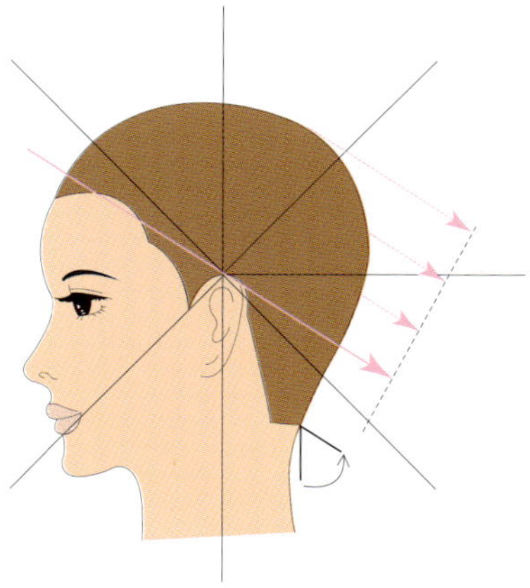

6) 가이드 라인

엑스테리어(exterior)의 그라데이션 커트된 모발이 인테리어(interior)로 갈수록 점진적으로 길어지는 외각무게선이 형성됨으로써 두상의 융기영역(crest zone)을 중심으로 하부는 이동 가이드 라인, 상부는 고정 가이드 라인을 이용한다.

이동 가이드

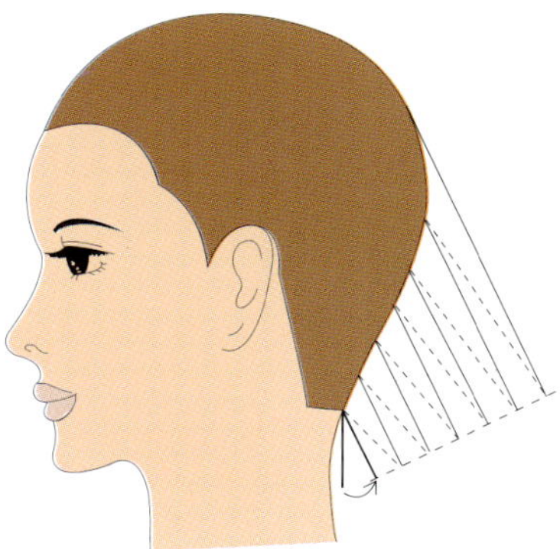

혼합 가이드

2. 그래쥬에이션 컨벡스라인

1) 반가발 낮은 시술각 시술절차

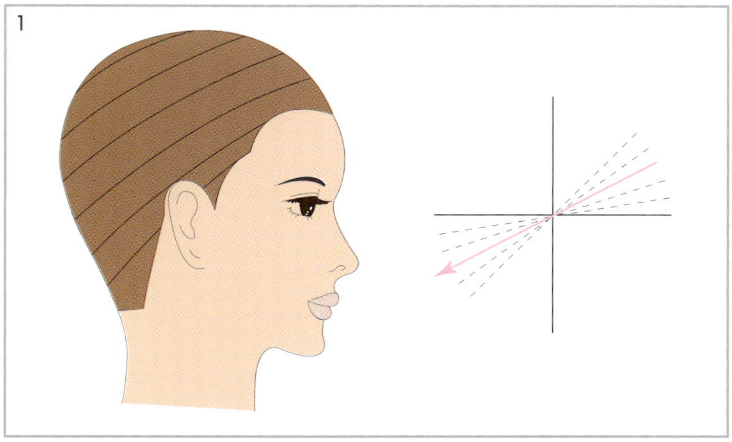

1. 반가발을 이용하여 후대각 파팅의 낮은 시술각으로 그래쥬에이션 형을 커트한다.

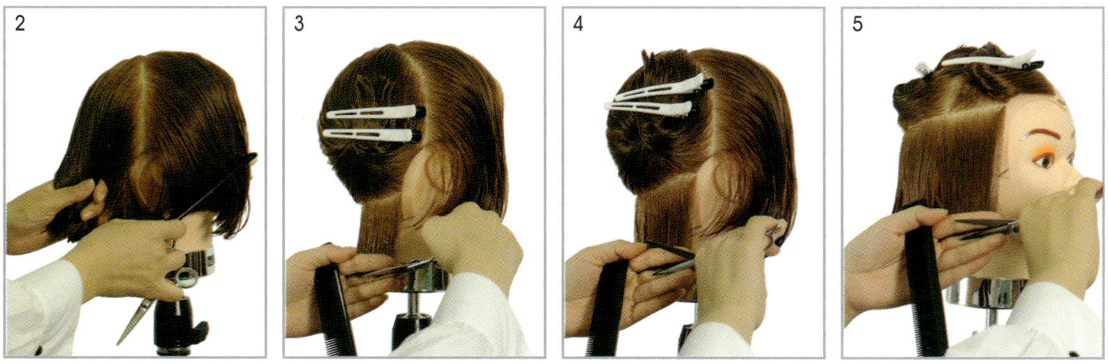

2~3. N.P부분에서 후대각파팅 한 다음 직각분배 한다. 이때 손가락은 파팅과 평행하고, 낮은시술각으로 커트한다.

4~5. 계속해서 가이드라인에 맞추어 크레스트 부분까지 낮은시술각으로 이동 가이드 라인을 사용한다.

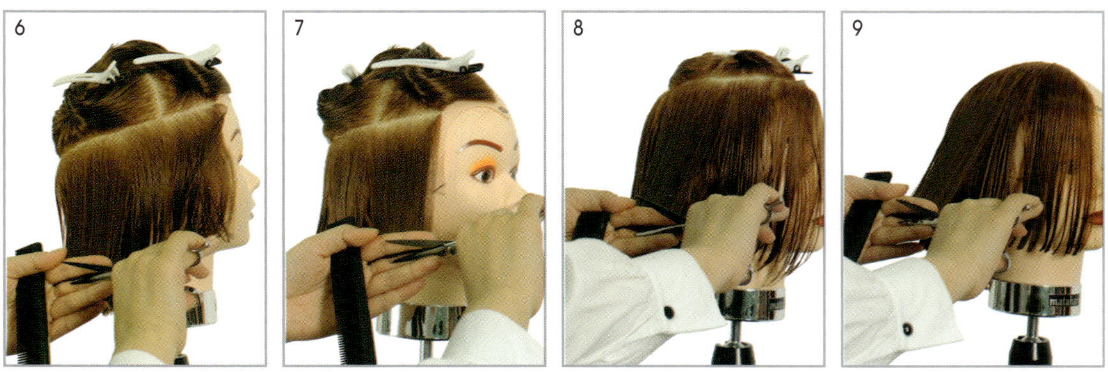

6~9. 크레스트 윗부분에서는 고정 가이드 라인이 이용된다.

2) 전체 가발 시술절차 분석

섹셔닝	C.P~N.P(정중선) 후두부	E.P~to~E.P(측중선) 사이드~전두부
머리위치	똑바로 / 앞숙임	똑바로 / 앞숙임
파팅	후대각	후대각
분배	직각	직각
시술각	낮은	-
손가락위치	평행	평행
가이드라인	이동 / 고정	고정
기법	블런트	블런트

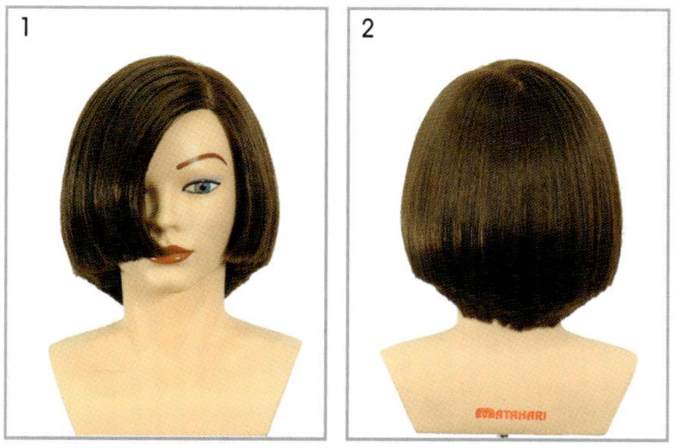

1~2. 옆가르마의 고전적인 분위기의 낮은 시술각 그래쥬에이션 형은 후대각 파팅의 컨벡스라인 디자인이다.

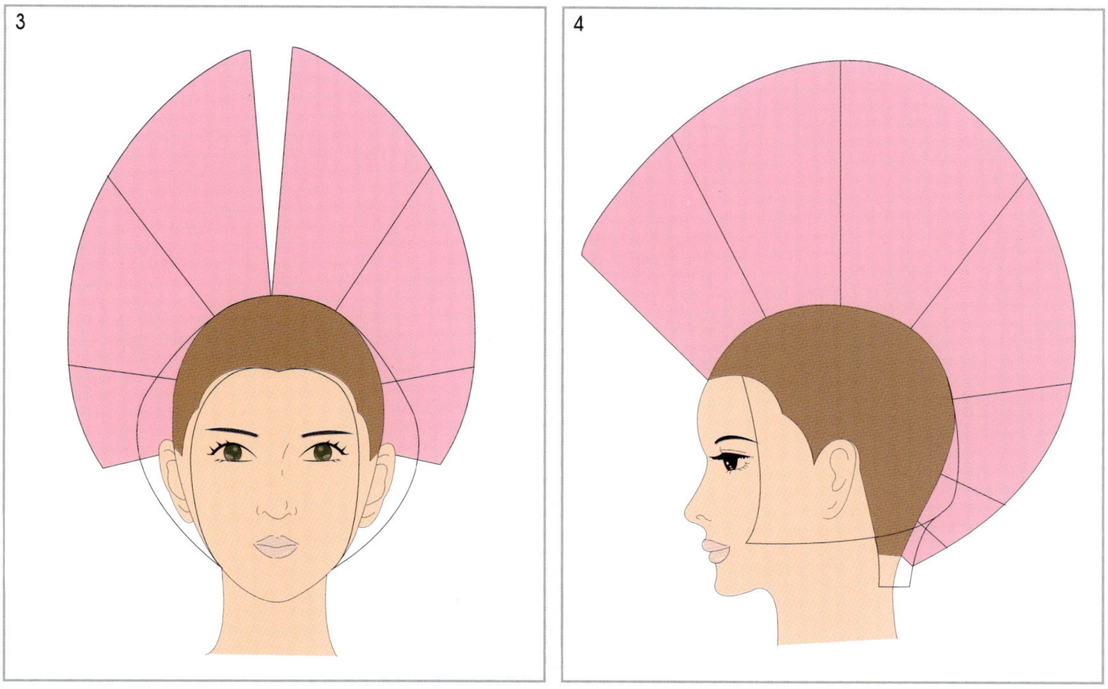

3~4. 도해도에서 그래쥬에이션 형은 두상상부로 갈수록 점진적으로 모발길이가 길어지는 배열상태이고, 두상하부의 모발은 그라데이션 상태이다.

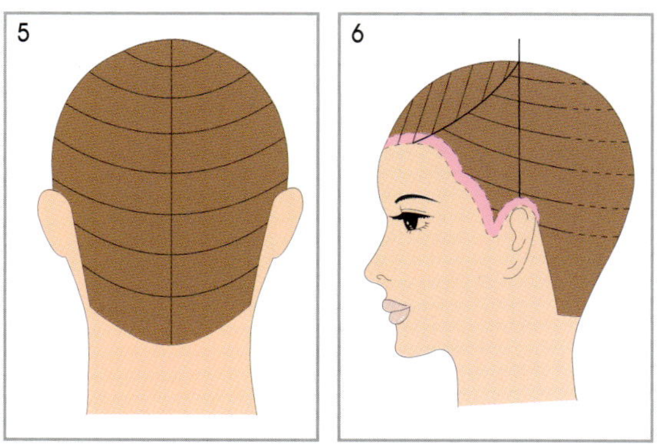

5~6. 정중선과 측중선으로 섹셔닝한 다음 후대각 파팅이 전체적으로 이용되며, 파팅의 넓이는 일정하고 평행해야 한다.

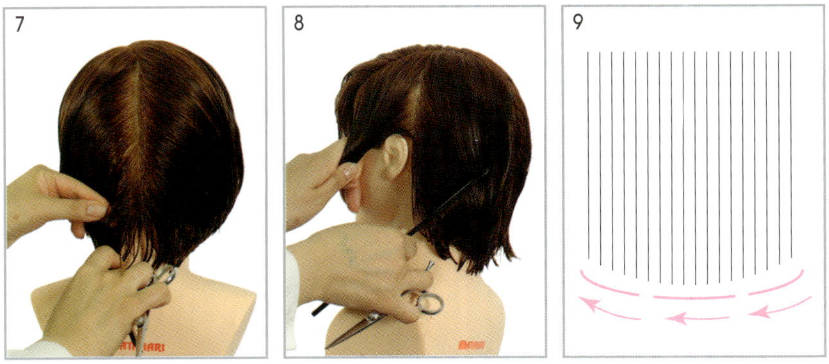

7~9. 모발을 충분히 적신 후 옆 가르마를 나눈 후, 정중선과 측중선으로 분할한다.

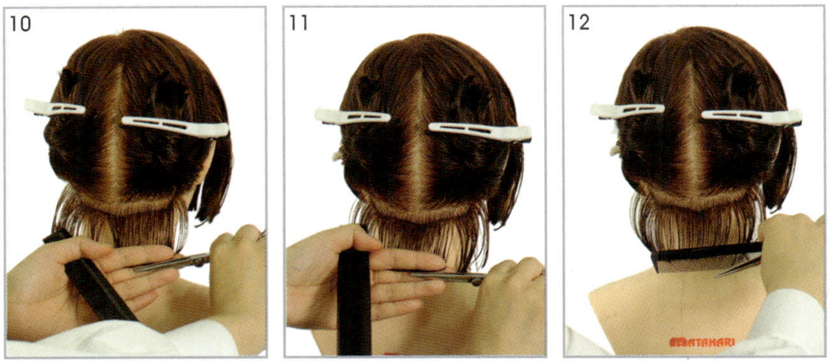

10~12. T.P~N.P, E.P~T.P~E.P 분할선을 이용하여 4등분 섹셔닝 한 다음, 후대각 파팅, 낮은시술각으로 직각분배, 이동디자인라인을 이용한다. 이때 파팅과 빗, 손가락, 가위 모두 평행하게 커트한다.

13~15. 계속해서 같은 방법으로 후대각 파팅하여 가이드라인에 맞추어 낮은시술각으로 커트한다.

16

17

18
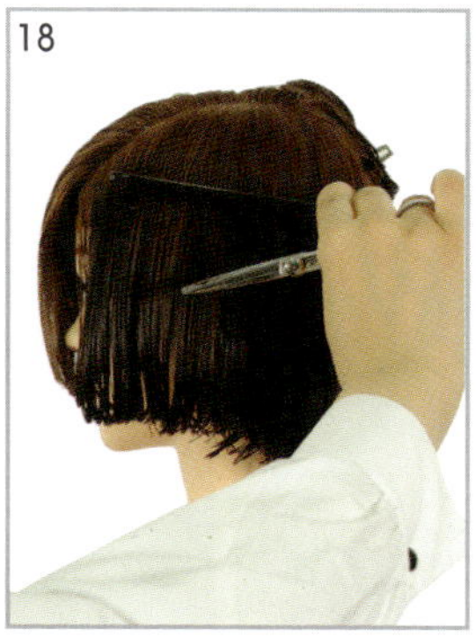

16~18. crest(크레스트) 윗부분에서는 고정디자인라인이 이용되고, Top부분은 방사선 빗질을 이용하여 모발의 방향을 충분히 고려하여 tension없이 커트한다. side 부분은 먼저 cut한 후두부의 가이드 모발에 의해 연결될 수 있도록 커트한다. 특히 귀 윗 모발은 귀 위에 얹혀지는 모발이므로 tension없이 커트한다.

18

18
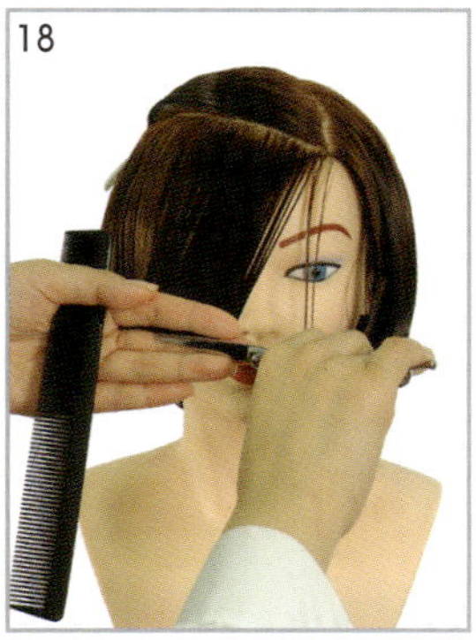

19~20. 반대쪽 side는 먼저 커트한 side 모발 중 S.C.P 가이드라인을 설정한 후 양쪽 모발 길이를 check 한다.

21

22

23
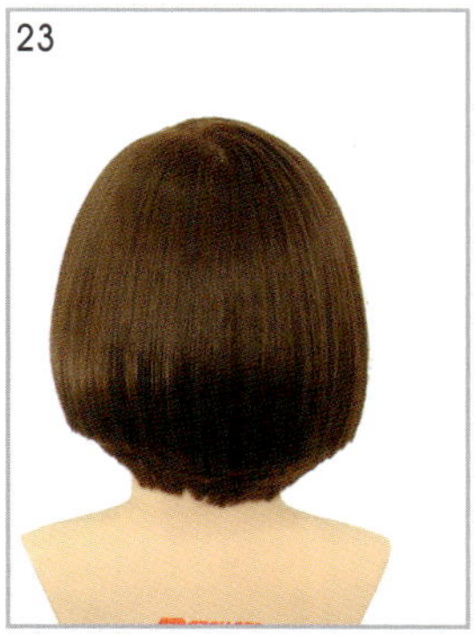

21~23. 완성된 모습

3. 그래쥬에이션 컨케이브라인

1) 반가발 중간시술각 시술절차

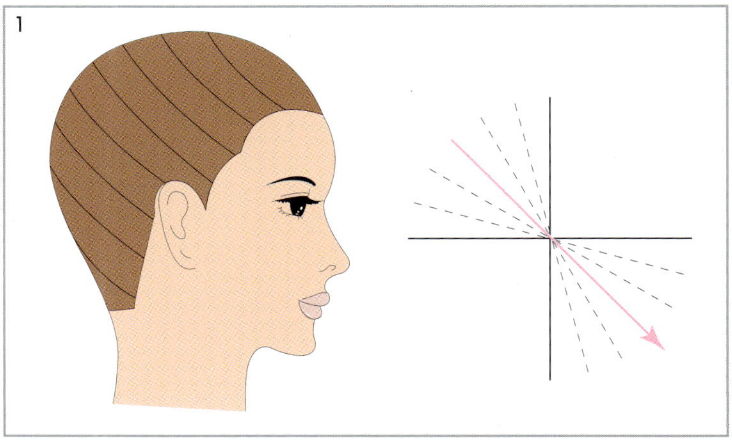

1. 반가발을 이용하여 전대각파팅의 중간시술각, 직각분배 그래쥬에이션 형을 커트한다.

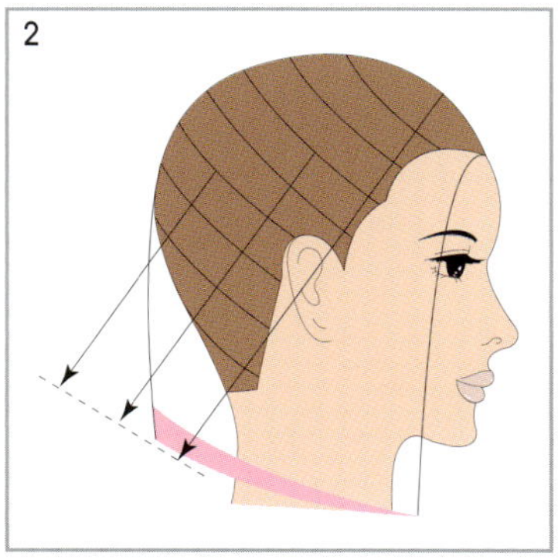

2. 모발을 전대각 파팅, 직각분배 상태에서 crest 부분까지는 이동디자인라인이고, crest 윗부분에서는 고정디자인라인이 이용된다.

3. N.P부분에서 전대각파팅 한 다음 직각분배 한다. 이때 손가락은 파팅과 평행하고, 중간시술각으로 커트한다.

4~5. 계속해서 가이드라인에 맞추어 crest 부분까지 중간시술각으로 이동디자인라인을 사용한다.

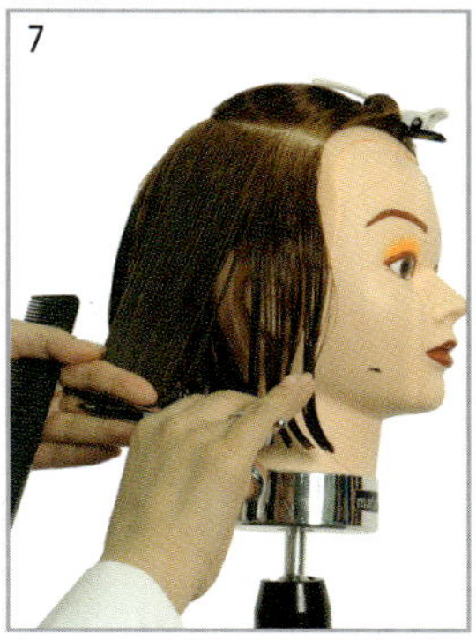

6~8. Crest 윗부분에서는 고정디자인라인이 이용된다.

2) 전체 가발 시술절차 분석

섹셔닝	C.P~N.P(정중선) 후두부	E.P~to~E.P(측중선) 사이드~전두부
머리위치	앞숙임	앞숙임
파팅	전대각	전대각
분배	직각	직각
시술각	중간	-
손가락위치	평행	평행
가이드라인	이동 / 고정	고정
기법	블런트	블런트

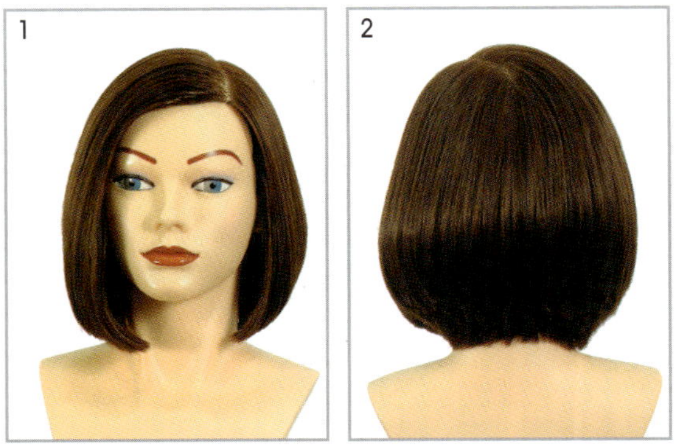

1~2. 중간시술각의 그래쥬에이션 형은 전대각 파팅의 컨케이브라인 디자인이다.

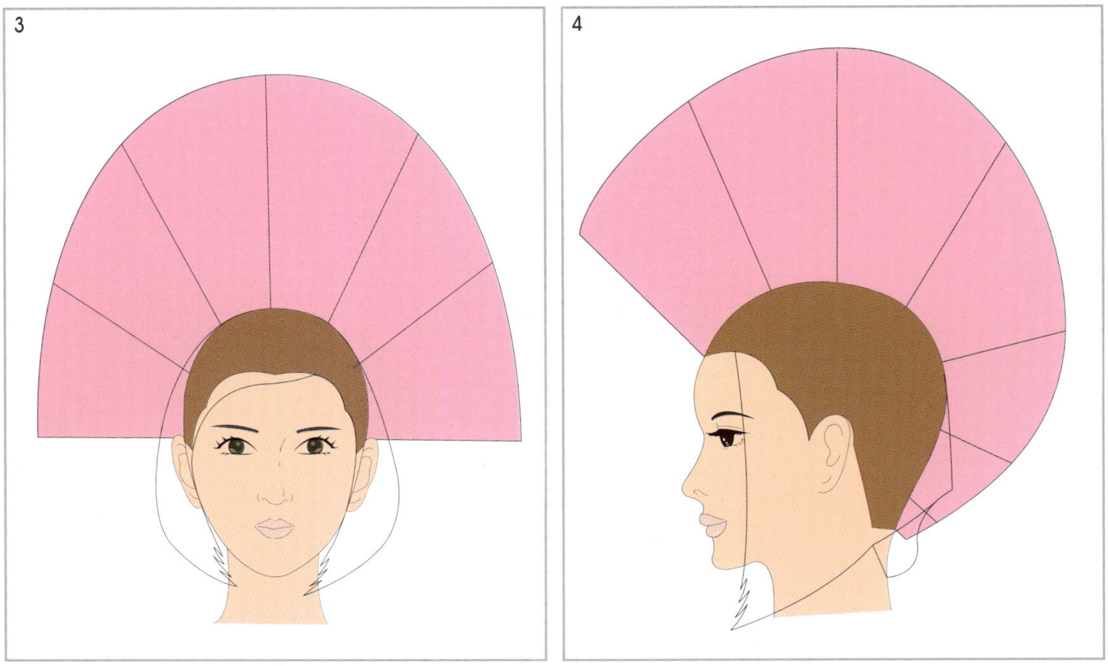

3~4. 도해도에서 그래쥬에이션 형은 두상상부로 갈수록 점진적으로 모발길이가 길어지는 배열상태이고, 두상하부의 모발은 그라데이션 상태이다.

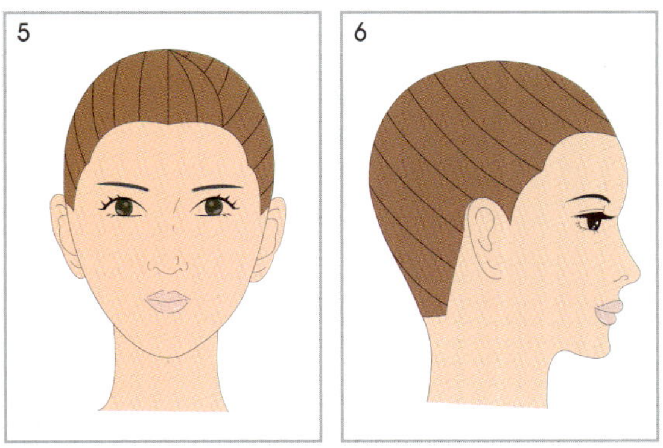

5~6. 전대각파팅이 전체적으로 이용되며, 파팅의 넓이가 일정하고 평행해야 한다.

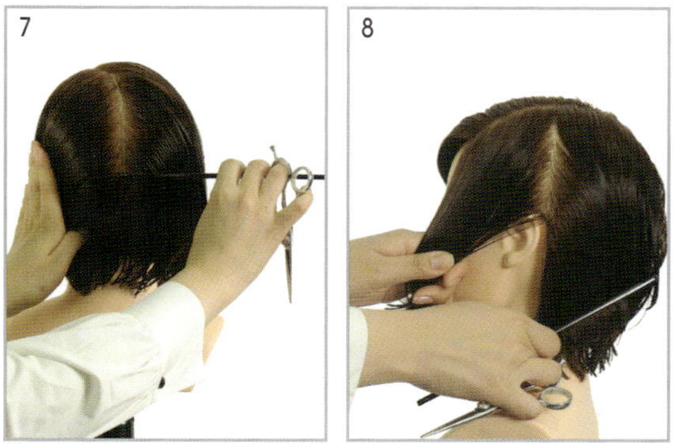

7~8. 모발을 충분히 적신 후 옆 가르마를 나눈 후, 정중선과 측중선으로 분할한다.

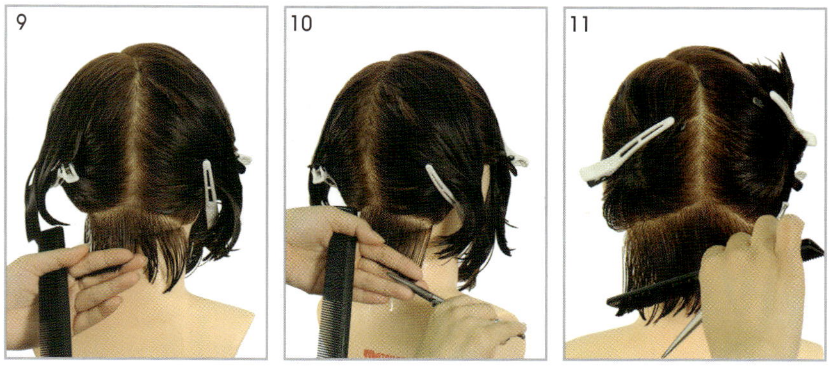

9~11. T.P~N.P , E.P~T.P~E.P 분할선을 이용하여 4등분 섹셔닝 한 다음, 전대각 파팅, 중간시술각으로 직각분배, 이동가이드라인을 이용한다. 이때 파팅과 빗, 손가락, 가위 모두 평행하게 커트한다.

12~13. crest 윗부분에서는 고정가이드라인이 이용되고, Top부분은 방사선 빗질을 이용하여 모발의 방향을 충분히 고려하여 tension 없이 커트한다. side 부분은 먼저 cut한 후두부의 guide 모발에 의해 연결될 수 있도록 커트한다. 특히 귀 윗 모발은 귀 위에 얹혀지는 모발이므로 tension 없이 커트한다.

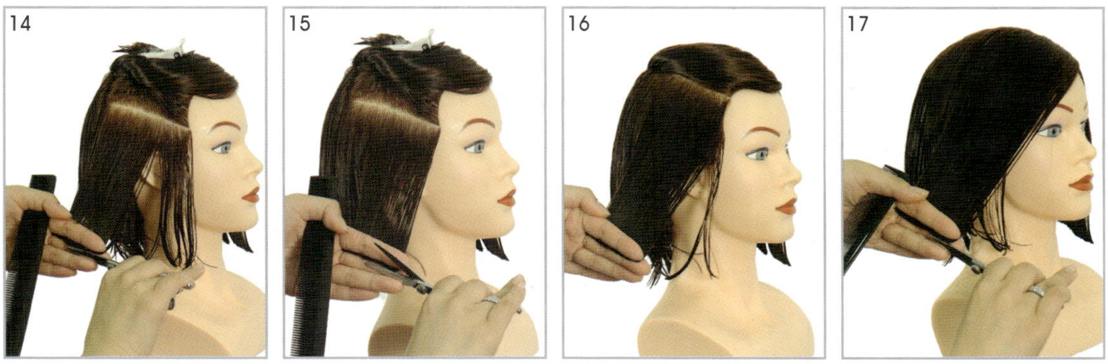

14~17. 반대쪽 side는 먼저 커트한 side 모발 중 S.C.P 가이드라인을 설정한 후 양쪽 모발 길이를 check 한다.

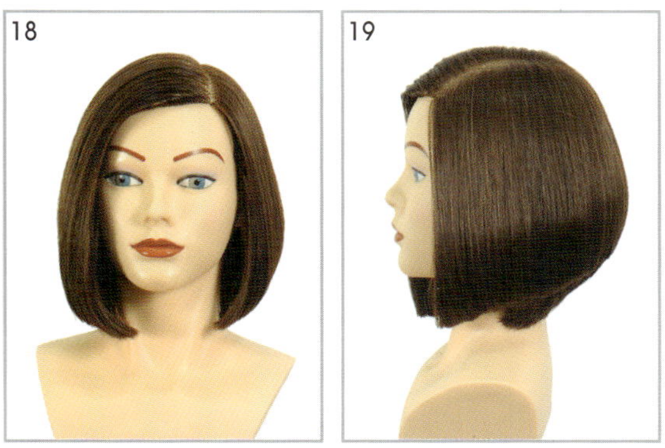

18~19. 완성된 모습

4. 그래쥬에이션 수평라인

1) 사각가발 높은시술각 시술절차

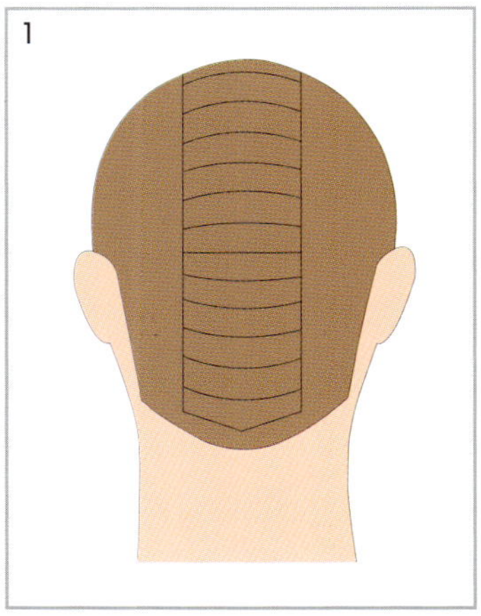

1. 사각가발을 이용하여 수평파팅의 높은시술각 그래쥬에이션형으로 커트한다.

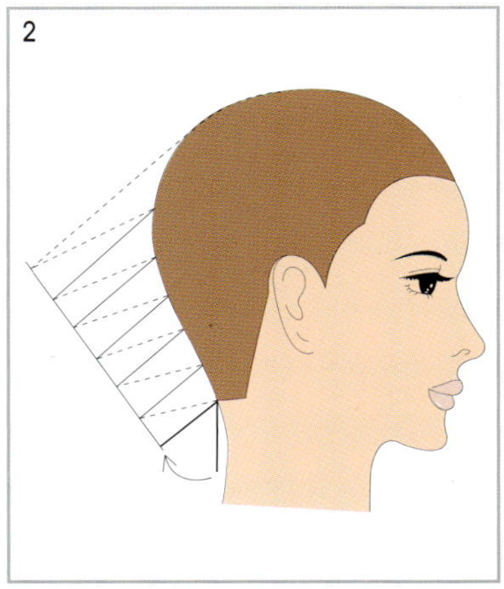

2. Nape에서 모발을 자연분배 상태에서 가이드 라인을 결정하고 crest 부분까지는 높은시술각으로 이동가이드 라인이고, crest 윗부분에서는 고정 가이드 라인이 이용된다.

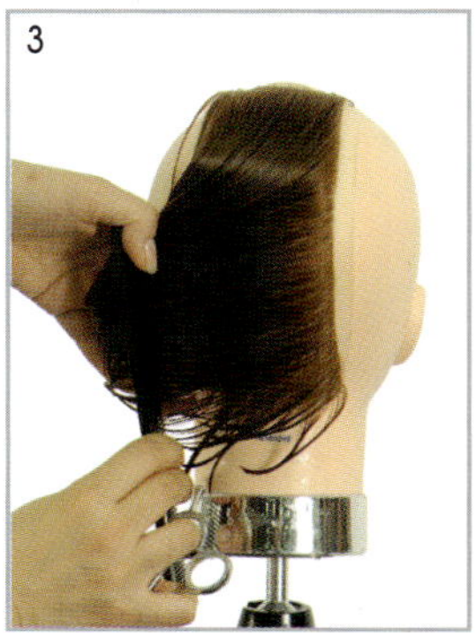

3~4. N.P부분에서 수평 파팅 한 다음 직각분배 한다. 이때 손가락은 빗과 평행하고, 높은 시술각으로 커트한다.

5~6. 수평 파팅하여 가이드라인에 맞추어 crest 부분까지 높은 시술각으로 이동가이드라인을 이용한다.

7~8. Crest 윗부분에서는 고정가이드라인이 이용된다.

2) 전체 가발 시술절차 분석

섹셔닝	C.P~N.P(정중선) 후두부	E.P~to~E.P(측중선) 사이드~전두부
머리위치	똑바로 / 앞숙임	똑바로 / 앞숙임
파팅	수평	수평
분배	직각	-
시술각	높은	높은
손가락위치	평행	평행
가이드라인	이동 / 고정	고정
기법	블런트	블런트

1

2

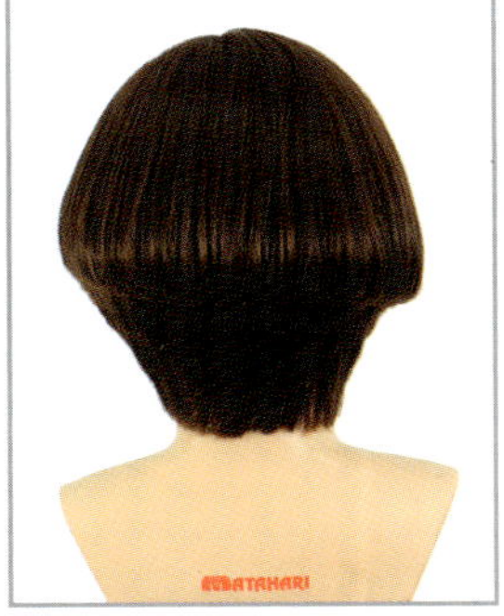

1~2. 옆가르마의 그래쥬에이션 형은 수평 파팅, 높은 시술각 디자인이다.

3

4

3~4. 도해도에서 그래쥬에이션 형은 두상상부로 갈수록 점진적으로 모발길이가 길어지는 배열상태이고, 두상하부의 모발은 그라데이션 상태이다.

5

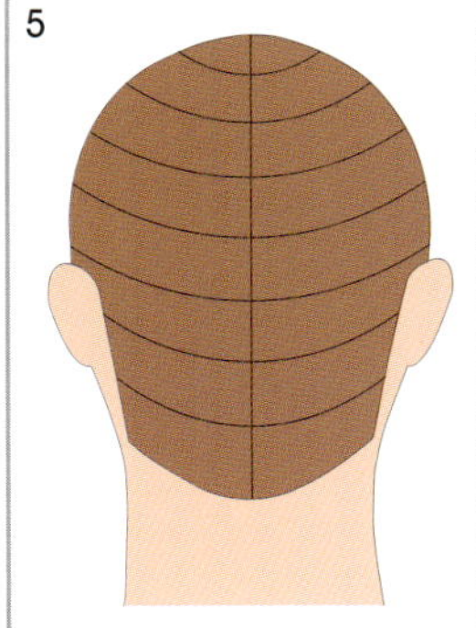

6

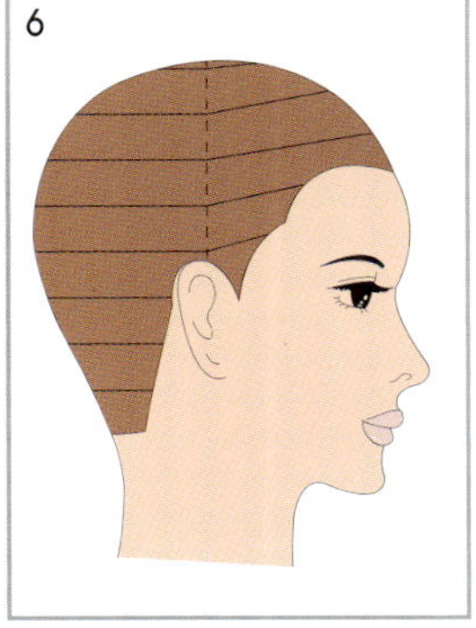

5~6. 수평파팅이 전체적으로 이용되며, 파팅의 넓이가 일정하고 평행해야 한다.

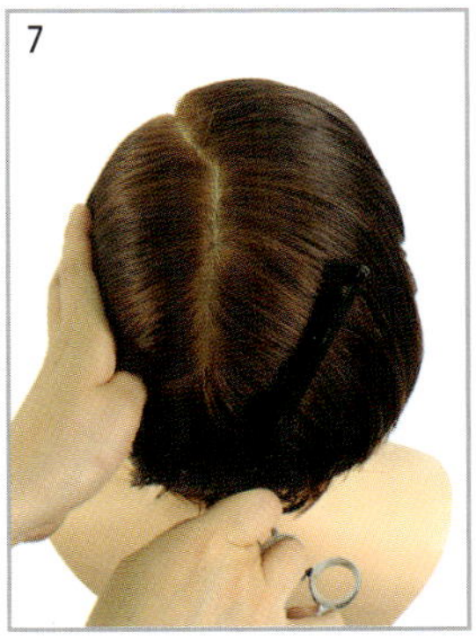

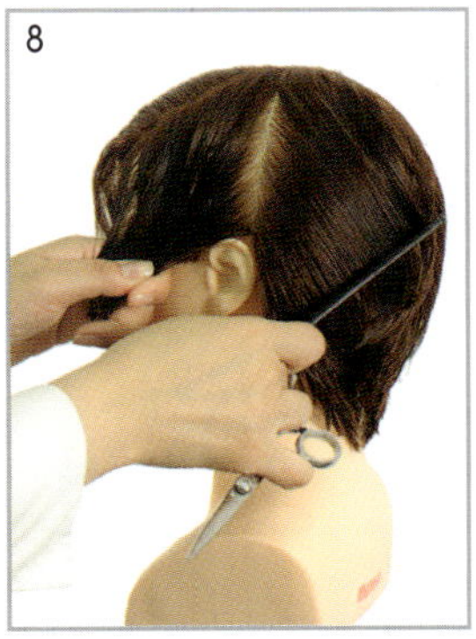

7~8. 모발을 충분히 적신 후 옆 가르마를 나눈후, 정중선과 측중선으로 분할한다.

9~11. T.P~N.P, E.P~T.P~E.P 분할선을 이용하여 4등분 섹셔닝 한 다음, 수평파팅, 높은시술각으로 직각분배, 이동가이드 라인을 이용한다. 이때 파팅과 빗, 손가락, 가위 모두 평행하게 커트한다.

12~13. crest 윗부분에서는 고정디자인라인이 이용되고, Top부분은 방사선 빗질을 이용하여 모발의 방향을 충분히 고려하여 tension없이 커트한다.

14~15. side 부분은 먼저 cut한 후두부의 가이드라인 모발에 의해 연결될 수 있도록 커트한다. 특히 귀 윗 모발은 귀 위에 얹혀지는 모발이므로 tension 없이 커트한다.

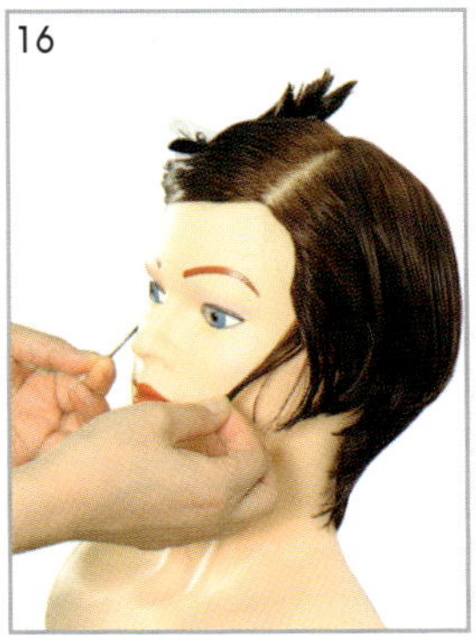

16~19. 반대쪽 side는 먼저 커트한 side 모발 중 S.C.P 가이드라인을 설정한 후 양쪽 모발 길이를 check 한다.

제 8 장

Increase Layer Form

1. Increase Layer Form Overview
   1) 정 의
   2) 구 조
   3) 파팅 / 분배
   4) 시술각

2. 인크리스 레이어 고정 0°
   1) 반가발 시술절차
   2) 전체 가발 시술절차 분석

3. 인크리스 레이어 고정 90°
   1) 사각 가발 시술절차

4. 인크리스 레이어 방향(똑바로 위)
   1) 전체 가발 시술절차

제 8 장

Increase Layer Form

1. Increase Layer Form Overview

1) 정 의

Increase layer cut은 방향, 움직임, 가벼움 등을 표현하기 위한 목적으로 사용된다.

인크리스 레이어는 nape쪽으로 모발 길이 증가에 따라 탑의 볼륨과 네이프의 율동감과 함께 밀착감을 부여한다. 그러므로 전체적으로 가벼워 보이고, 층이 많이 보여 거친 질감이며 out line의 길이 감을 유지하면서 볼륨을 원하는 고객에게 적용하면 좋은 스타일이다.

모발에 움직임을 주어 질감의 변화를 연출할 수 있으므로, 특히 모량 많은 동양인의 직모에 매우 효과적이다.

인크리스 레이어 커트는 다음과 같이 구분하여 쉽게 시술할 수 있다.

고정 가이드라인 설정 후 모든 모발을 가이드로 모아 커트한다

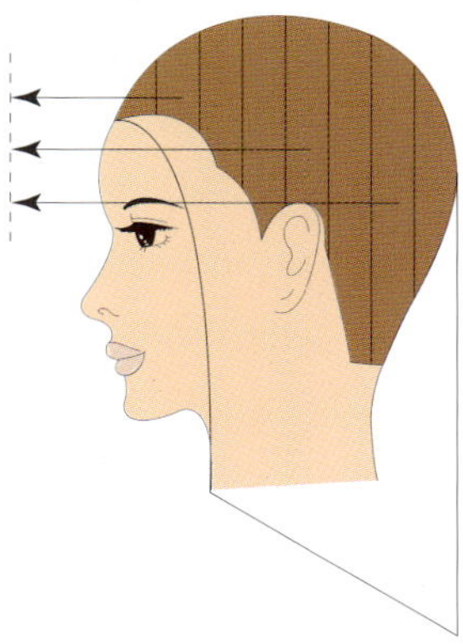

이미지 가이드라인을 평면으로 설정한 후 모발을 설정한 면에 맞추어 커트한다

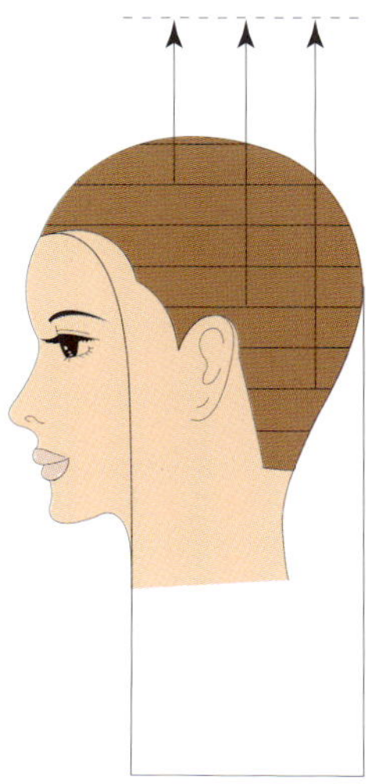

2) 구 조

모발의 길이 배열은 인테리어(interior)의 짧은 모발이 엑스테리어(exterior)로 갈수록 점진적으로 길어진다.

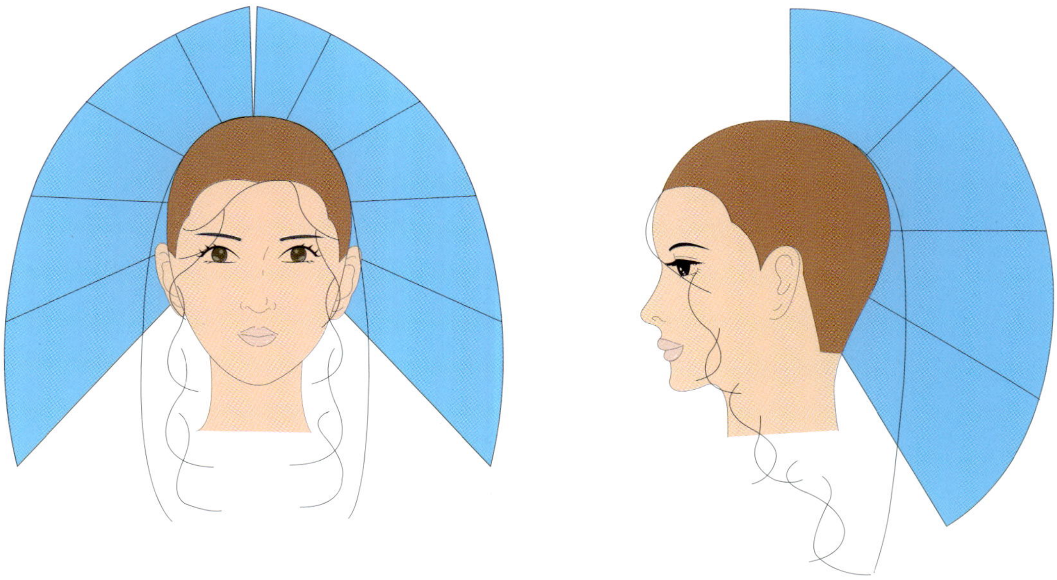

3) 파팅 / 분배

파팅은 수직, 또는 대각 모두 사용할 수 있다. 분배는 주로 직각분배이다.

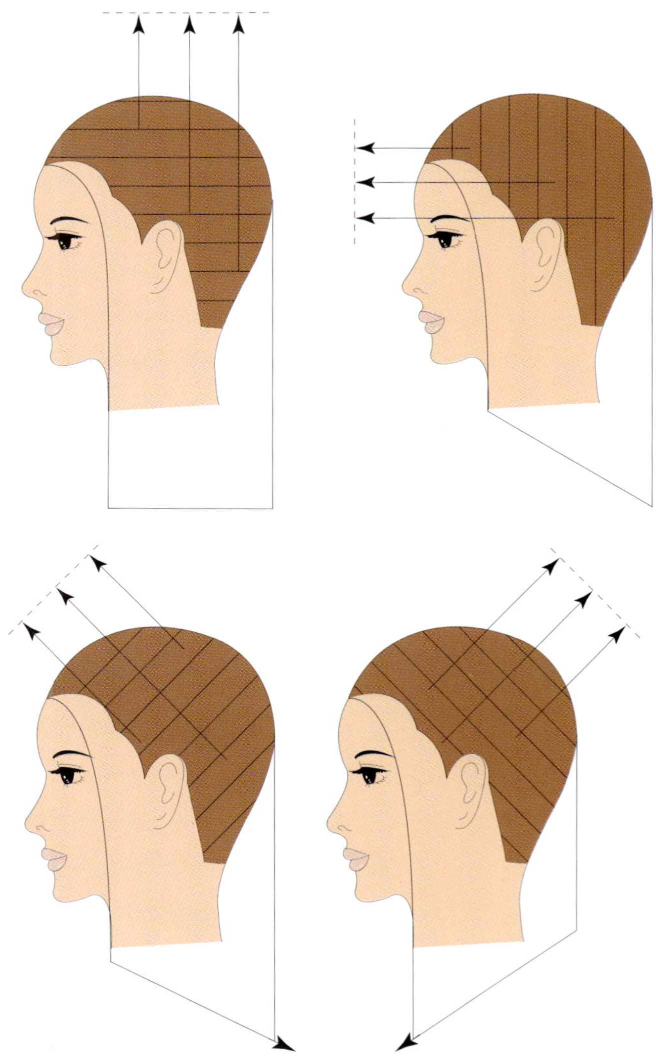

4) 시술각

인크리스 레이어 형에서 고정 가이드라인의 시술각은 천체축을 대입한 시술각을 기본으로 한다. 또한 두상곡면을 대입한 시술각은 90° 이상의 각도를 이용하는 기법으로 이동 가이드라인의 외적형태가 두상하부로 갈수록 길어진다.

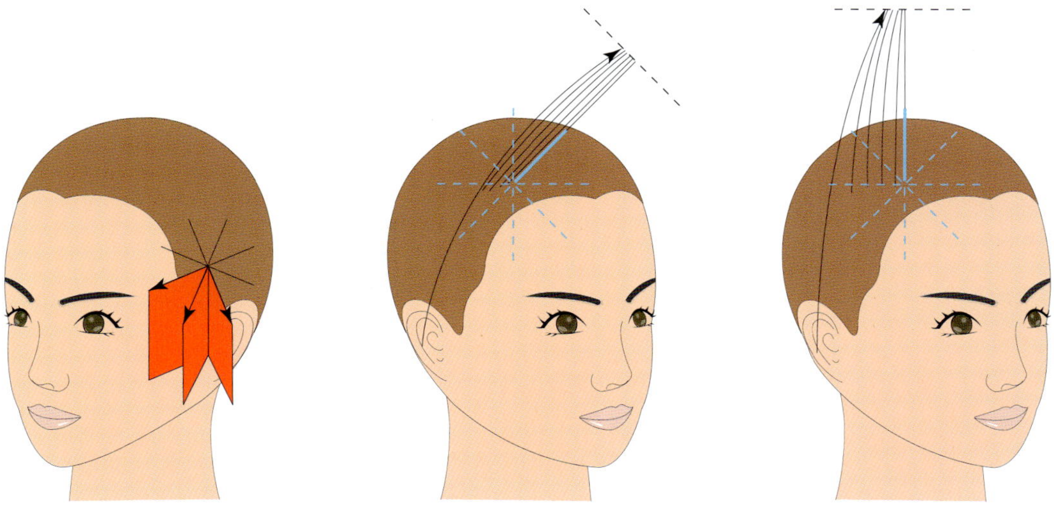

2. 인크리스 레이어 고정 0°

1) 반가발 시술절차

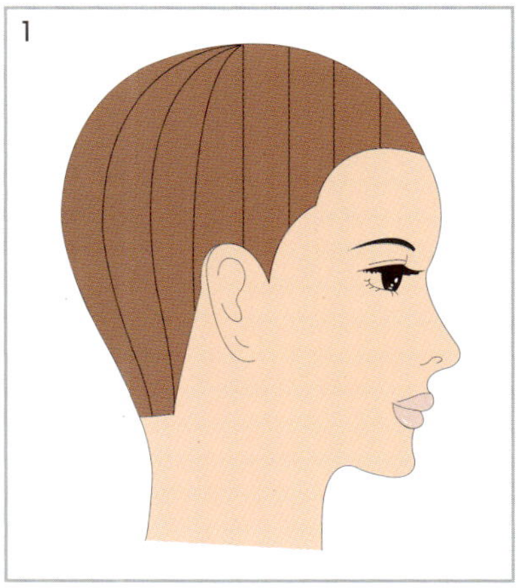

1. 반가발을 이용하여 수직파팅과 평행한 손가락 위치로 전환레이어링 기법의 인크리스 레이어형 커트한다.

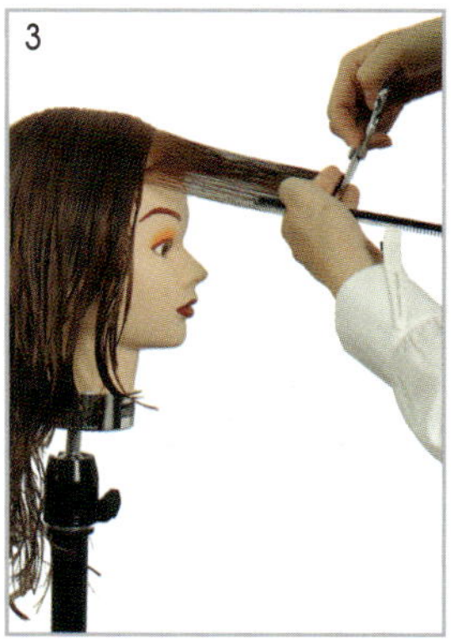

2~3. 머리위치를 똑바로 한 다음 C.P부분에서 가이드를 설정하고 수직파팅(vertical parting) 한다.

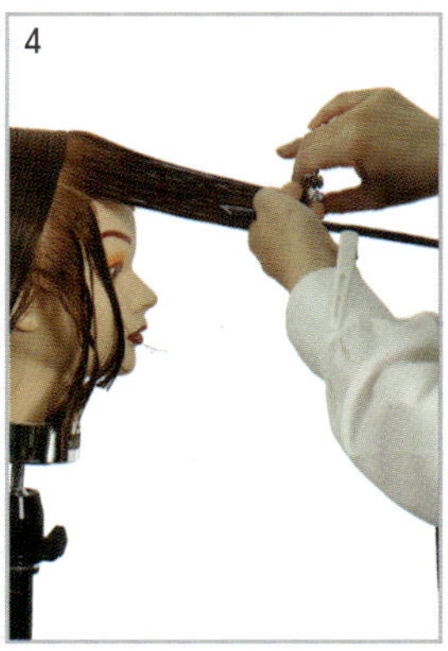

4~5. 빗살이 촘촘한 부분을 이용하여 모발을 직각분배한다. 이때 손가락은 빗과 평행하고, 베이스 파팅과 평행하게 커트한다.

6~7. 후두부는 방사선 파팅(pivot parting)하여 두상 곡면에서 0° 시술각으로 고정 가이드 라인으로 커트한다.

2) 전체 가발 시술절차 분석

섹셔닝	C.P~N.P(정중선) 후두부	E.P~to~E.P(측중선) 사이드~전두부
머리위치	똑바로	똑바로
파팅	피봇	수직
분배	직각	직각
시술각	천체축 0˚	천체축 0˚
손가락위치	평행	평행
가이드라인	고정	고정
기법	블런트	블런트

1~2. 인크리스 레이어 형은 모발길이를 유지하면서, 얼굴주위의 층이 많은 디자인 연출이 강조된다.

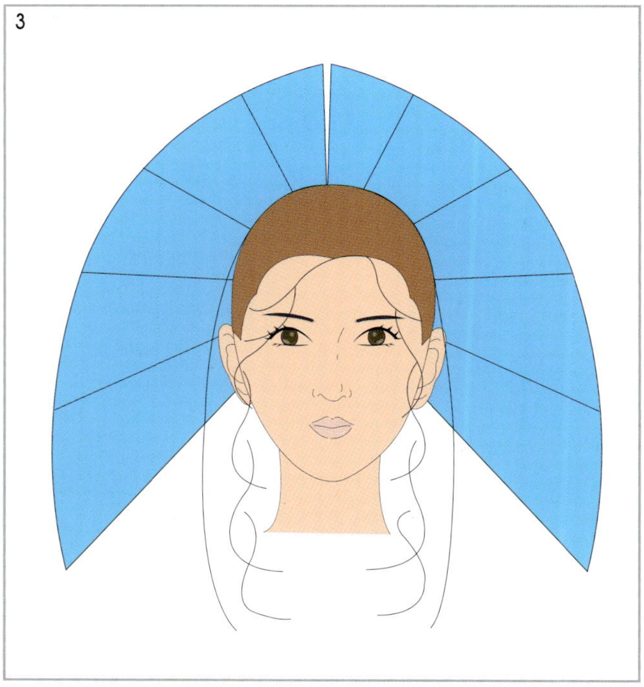

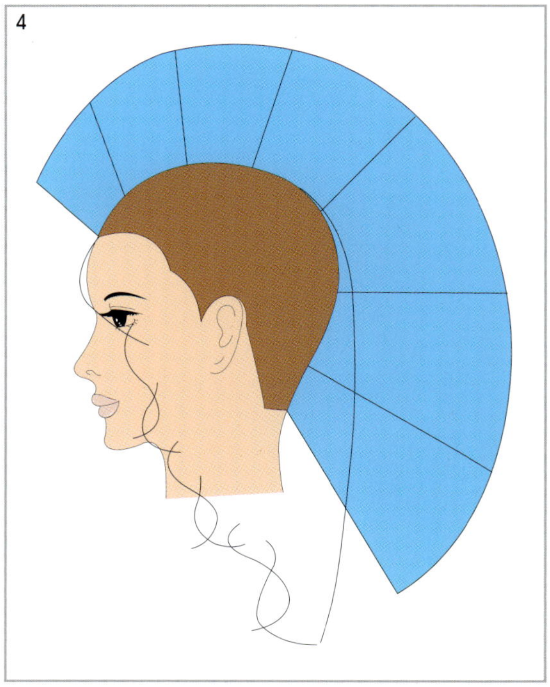

3~4. 도해도에서 프린지 모발이 가장 짧고, 두상하부의 모발이 길어지는 배열상태이다.

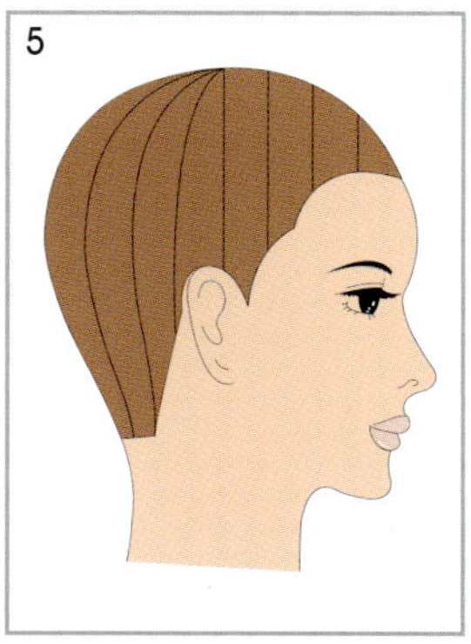

5. 전두부 수직 파팅과 후두부 방사선 파팅이 사용된다.

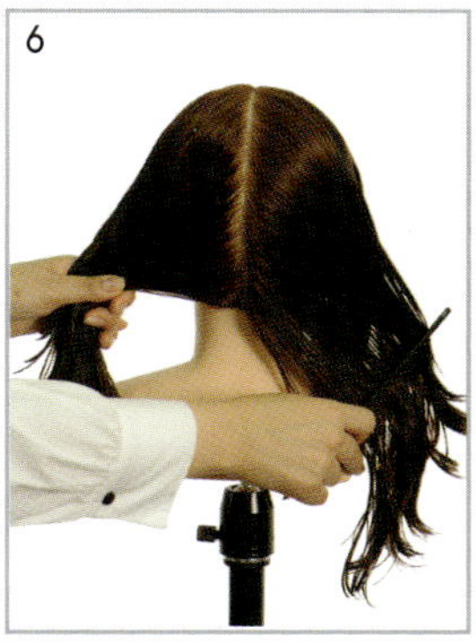

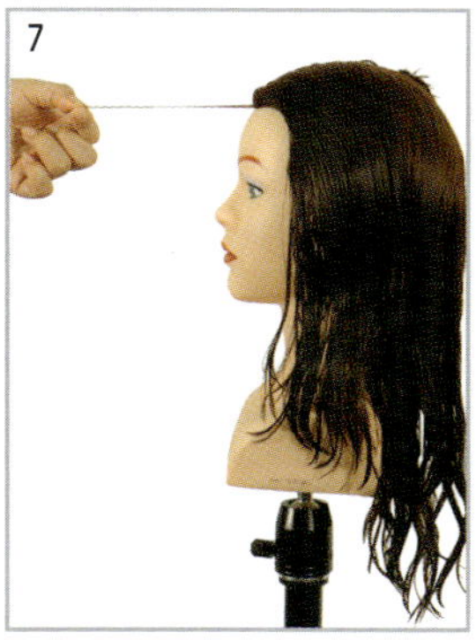

6~7. 모발을 충분히 적신 후 정중선으로 나누고, C.P 에 가이드를 설정한다.

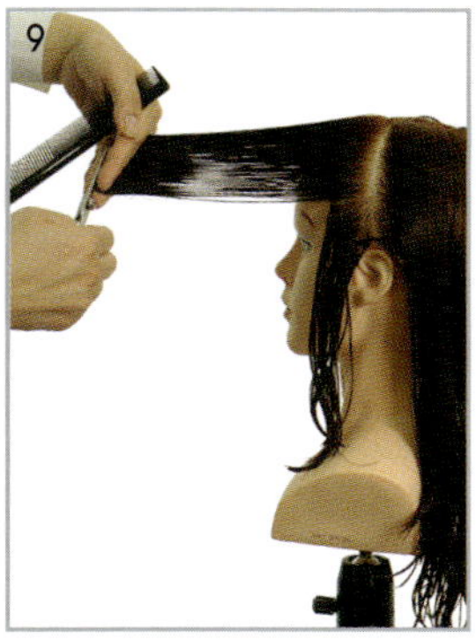

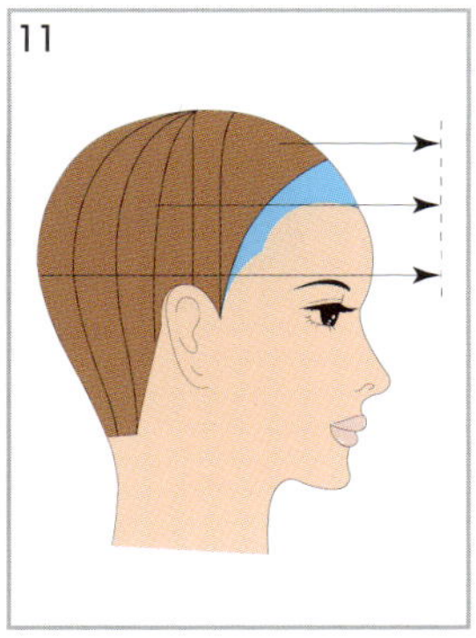

8~11. 첫 번째 파팅은 헤어라인과 평행하게 파팅하고 손가락, 가위 모두 평행해야 한다.

12~13. 계속해서 같은 방법으로 수직 파팅하여 가이드 라인에 맞추어 커트한다.

14~15. 후두부는 방사선 파팅하여 천체축 0°시술각, 고정 가이드라인으로 커트한다.

16. 계속해서 같은 방법으로 반대쪽 모발도 전두부 수직 파팅과 후두부 방사선 파팅을 이용하여 천체축 0° 시술각, 고정 가이드 라인으로 커트한다.

17~18. 커트의 완성도를 높이기 위하여 가장자리모발의 형태선을 컨벡스라인(convex line)으로 커트한다.

19. 완성된 모습

3. 인크리스 레이어 고정 90°

1) 사각 가발 시술절차

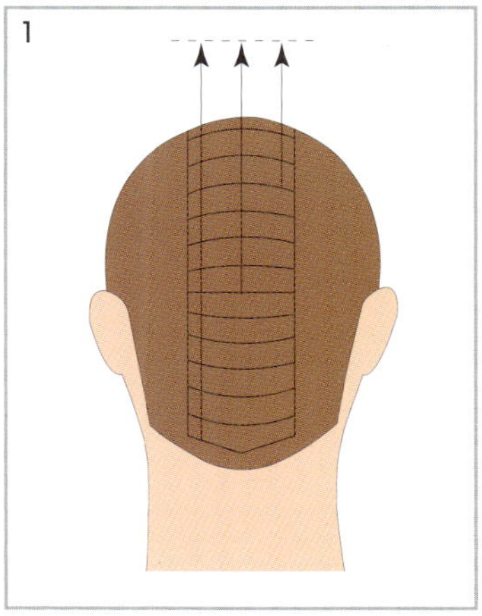

1. 사각가발을 이용하여 전환레이어링 기법으로 고정디자인라인 인크리스 레이어형 커트한다.

2. N.P부분에서 머리위치를 똑바로 한 다음 수평 파팅 한다.

3~4. 빗살이 촘촘한 부분을 이용하여 모발을 직각분배한다. 이때 손가락은 빗과 평행하고, 똑바로 위로 올려 베이스파팅과 평행하게 커트한다.

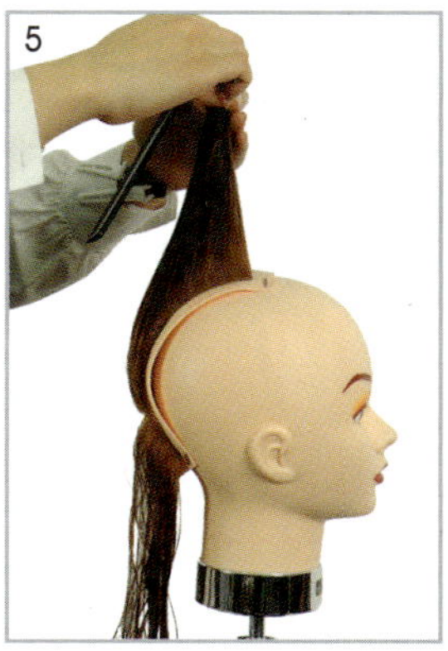

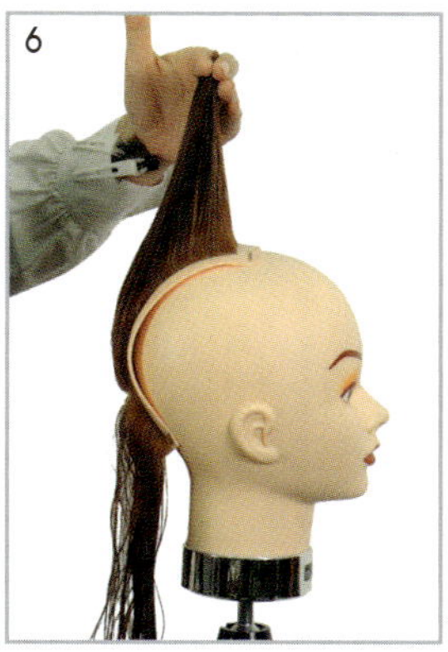

5~6. 계속해서 같은 방법으로 수평 파팅하여 고정가이드라인으로 커트한다.

4. 인크리스 레이어 방향(똑바로 위)

1) 전체 가발 시술절차

섹셔닝	Interior zonel	Exterior zone
머리위치	똑바로	똑바로
파팅	수직	수평
분배	방향	방향
시술각	똑바로 위	똑바로 위
손가락위치	평행	평행
가이드라인	고정	고정
기법	블런트	블런트

1~2. 인크리스 레이어형은 모발길이를 유지하면서, 얼굴 주위의 층이 많은 디자인 연출이 강조된다.

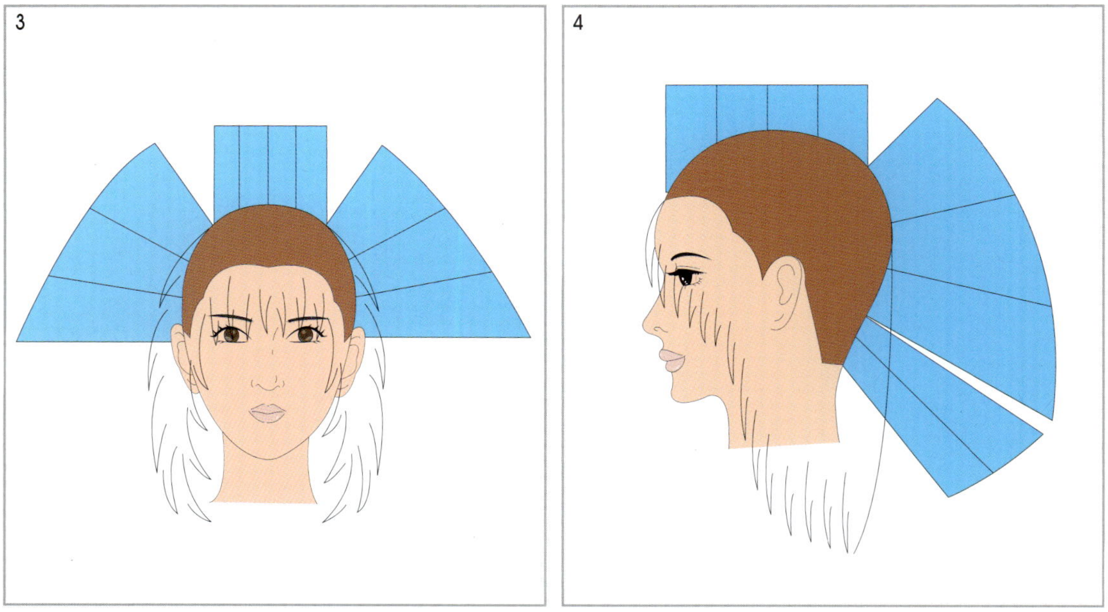

3~4. 도해도에서 top의 모발이 가장짧은 평면커팅과 전환 레이어링(집중 레이어링) 기법 혼합으로 두상하부의 모발길이가 급격하게 길어지는 배열상태이다.

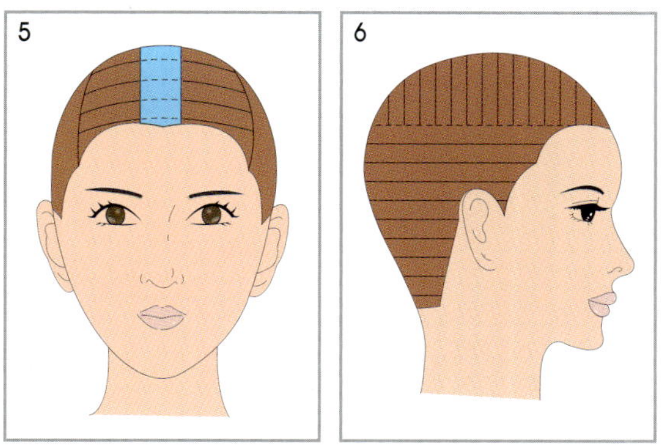

5~6. crest 조금 위부분에서 말발굽 모양의 섹셔닝하여 엑스테리어와 인테리어로 나누고 엑스테리어에서는 수평파팅 한다.

7. 모발을 충분히 적신 후 말발굽모양의 섹셔닝하여 엑스테리어와 인테리어로 분할한다.

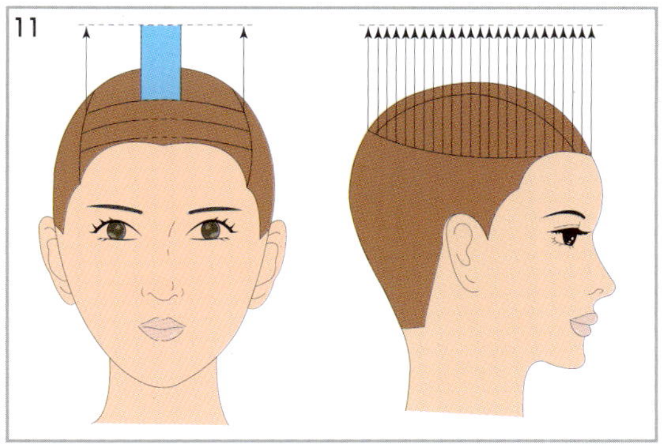

8~11. C.P와 G.P의 가이드 모발을 설정한 후, 수직 파팅과 수평 파팅하여 방향 분배에 의한 손가락위치, 가위 모두 평행해야 정확한 똑바로위(square) 커트를 표현할 수 있다.

12~14. 엑스테리어에서 수평 파팅하여, 인테리어의 가장자리 모발에 맞추어 고정 가이드 라인으로 커트한다.

15~16. 계속해서 같은 방법으로 수평 파팅하여 가이드 라인에 맞추어 똑바로위(square) 커트한다.

17. 양 side 모발을 자연스럽게 정리한다.

제 9 장

Uniform Layer

1. Uniform Layer Overview
   1) 정 의
   2) 구 조
   3) 파팅 / 분배
   4) 시술각

2. 유니폼레이어 수직
   1) 사각가발 시술절차
   2. 유니폼레이어 수평
   1) 사각가발 시술절차

3. 유니폼레이어 방사선
   1) 전체가발 시술절차 분석

제 9 장

Uniform Layer

1. Uniform Layer Overview

1) 정 의

유니폼 레이어는 볼륨을 조절할 수 있는 이상적인 형이며 여러 계층의 연령에 대해 제한 폭이 적고, short에서 long style까지 다양하게 응용될 수 있다.

모량이 많은 부분에 가벼움을 줄 수 있으며, 또한 동양인의 직모를 커버하기 위해서 레이어 커트 기법이 헤어스타일의 단점을 커버하는데 중요한 역할을 하며 베이직 레이어, 세임 레이어라고도 한다.

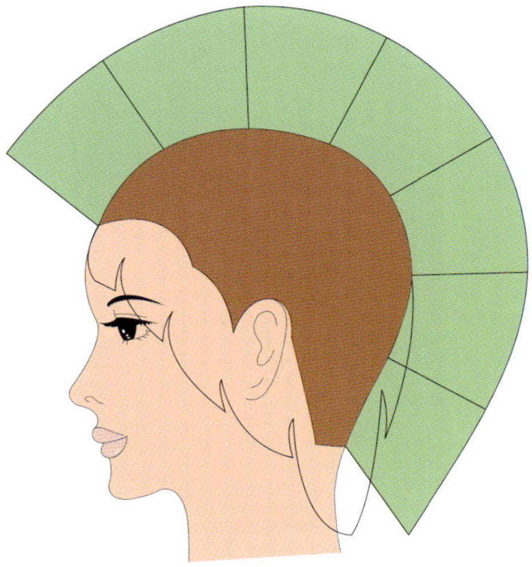

2) 구 조

유니폼 레이어는 모발길이는 전체적으로 동일하며 무게선이 없다.

3) 파팅 / 분배

수평, 수직 그리고 두상 상부에는 피봇 파팅이 주로 이용되며, 파팅의 넓이를 얇게 할수록 정확한 커트를 할 수 있다.

분배는 온더베이스 파팅에 직각분배가 이용된다.

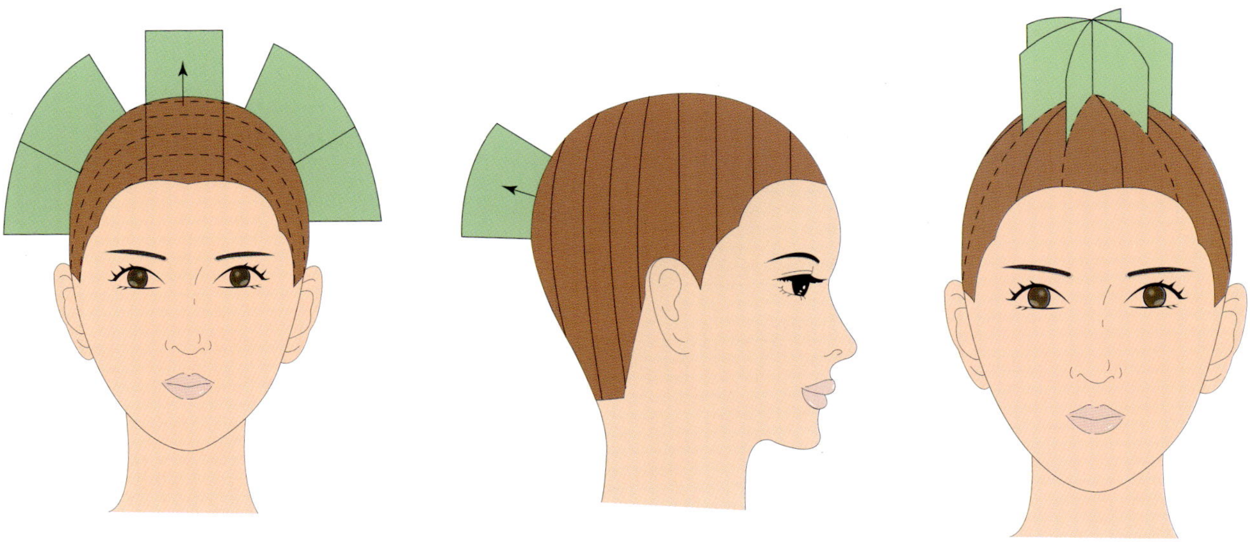

4) 시술각

유니폼 레이어 형에 사용되는 시술각은 두상곡면으로부터 90°이다.

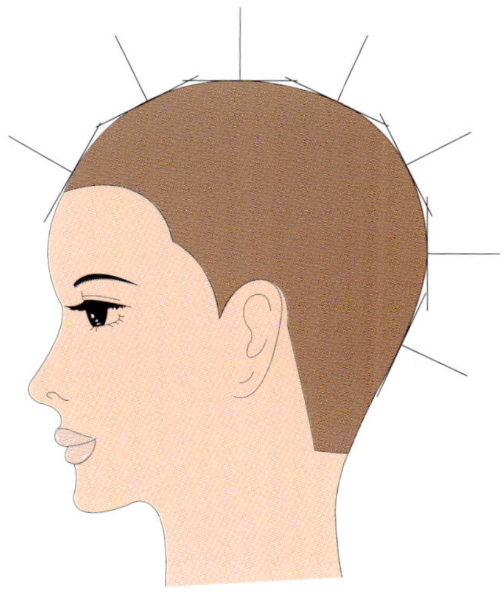

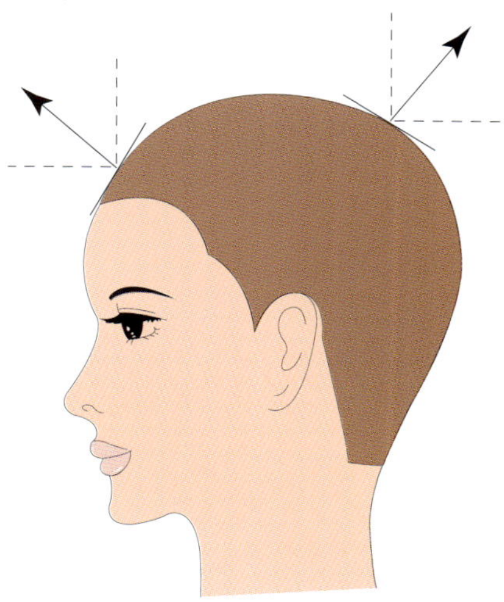

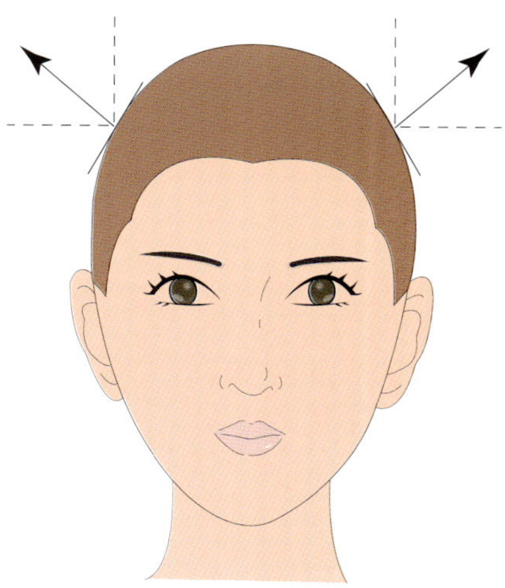

2. 유니폼 레이어 수직

1) 사각가발 시술절차

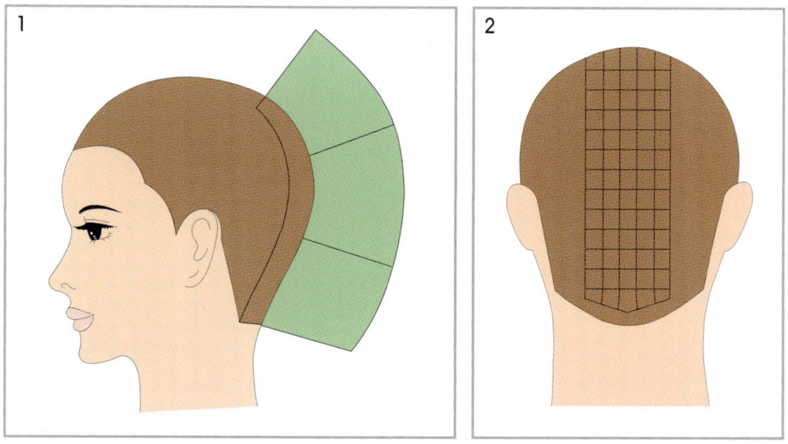

1~2. 사각가발을 이용하여 수직파팅의 유니폼 레이어형은 동일한 모발길이의 구조이다.

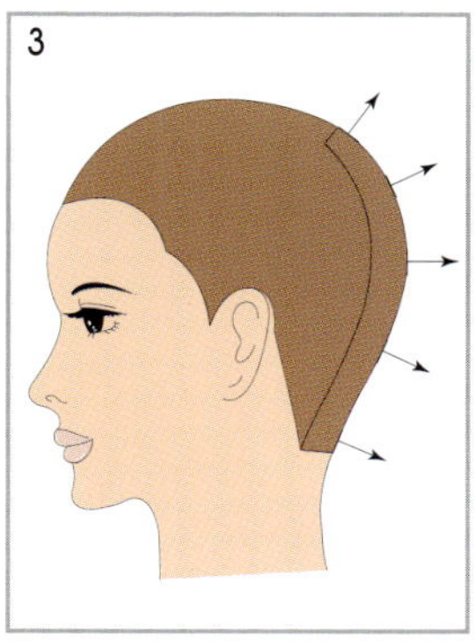

3. 두상곡면에서 90˚ 시술각을 정확하게 유지 시켜야 된다.

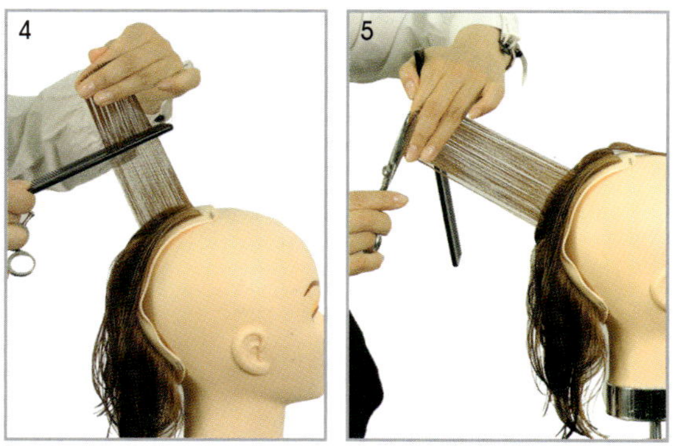

4~5. 빗살이 촘촘한 부분을 이용하여 수직파팅, 직각분배 한다. 이때 손가락은 파팅과 평행하고, 90˚시술각으로 이동가이드라인으로 커트한다.

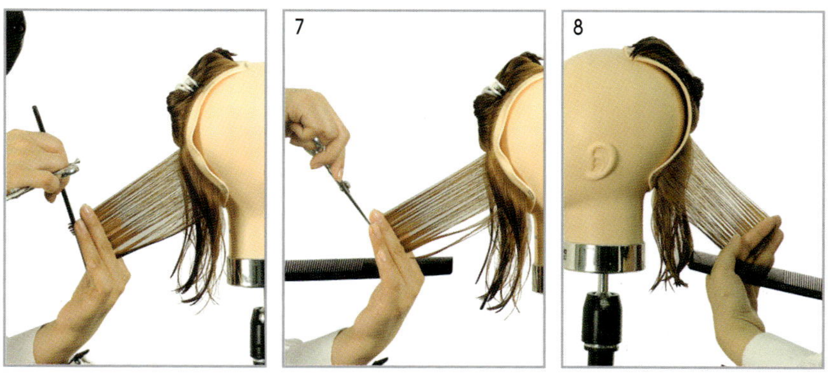

6~8. 파팅이 B.P에 이르면 몸의 위치를 바꾸고 손바닥을 두상의 반대쪽으로 향하게 하고 가위는 아래로 향한다.

2. 유니폼 레이어 수평

1) 사각가발 시술절차

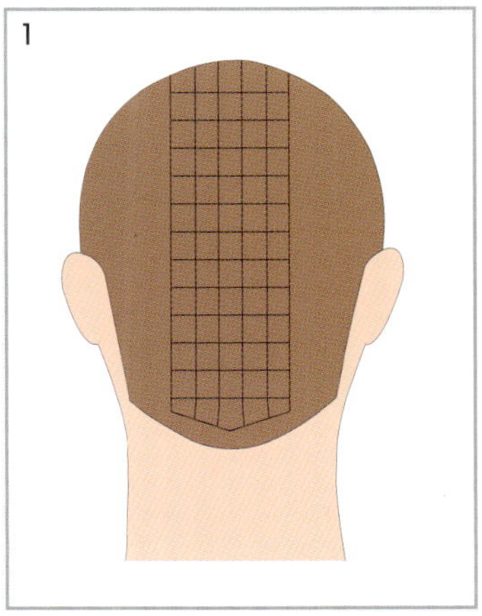

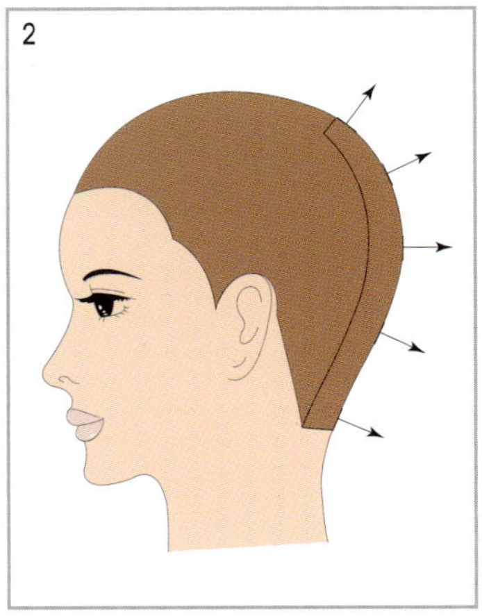

1. 사각가발을 이용하여 수평파팅의 유니폼 레이어형이다.

2. 두상곡면에서 90°시술각을 정확하게 유지시켜야 된다.

3~4. 빗살이 촘촘한 부분을 이용하여 수평파팅, 직각분배 한다. 이때 손가락은 파팅과 평행하고, 두피 90° 시술각으로 이동가이드라인으로 커트한다.

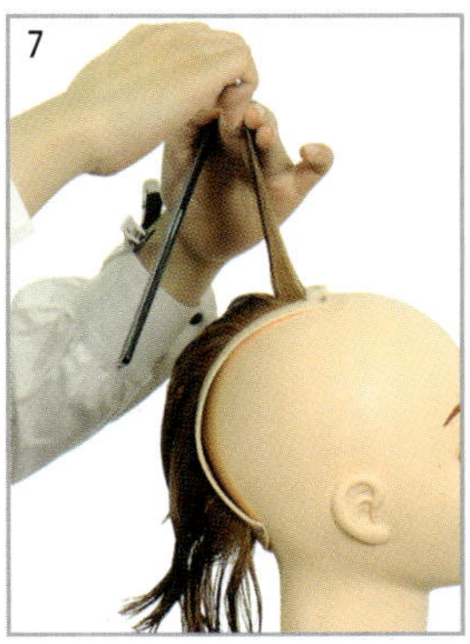

5~6. 계속해서 같은 방법으로 시술각에 유의하여 이동가이드라인으로 커트한다.

7~8. 파팅이 G.P에 이르면 가위날이 수평이 되게 커트한다.

3. 유니폼 레이어 방사선

1) 전체가발 시술절차 분석

섹셔닝	C.P~N.P(정중선) 후두부	E.P~to~E.P(측중선) 사이드~전두부
머리위치	똑바로 / 앞숙임	똑바로 / 앞숙임
파팅	피풋	피풋
분배	직각	직각
시술각	90°(on the base)	90°(on the base)
손가락위치	평행	평행
가이드라인	이동	이동
기법	블런트	블런트

1. 전체가발을 이용하여 방사선(pivot point)파팅의 유니폼레이어형은 동일한 모발길이의 구조이다.

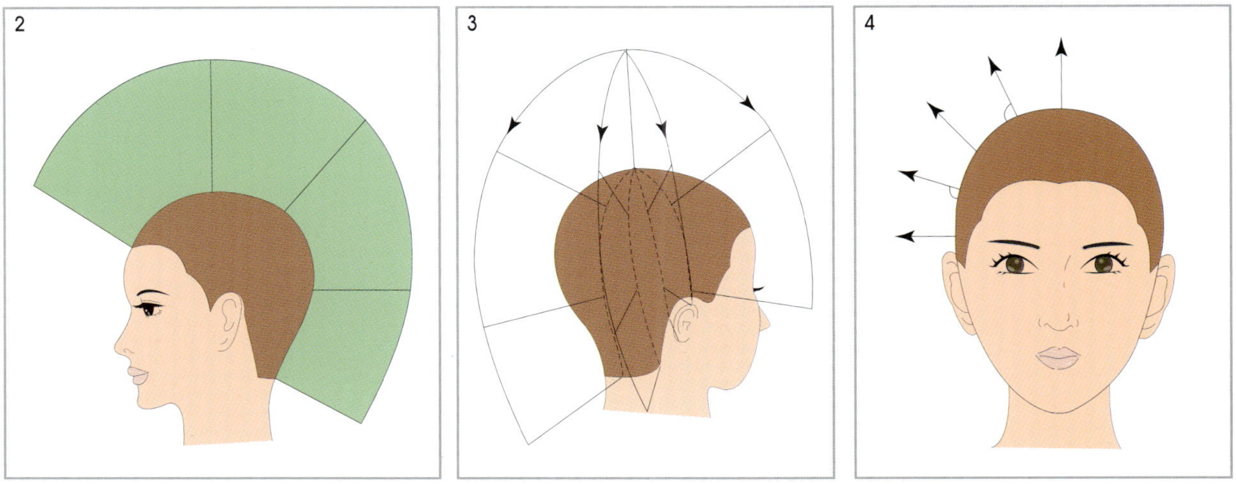

2~4. 두상곡면에서 90° 시술각을 정확하게 유지시켜야 된다.

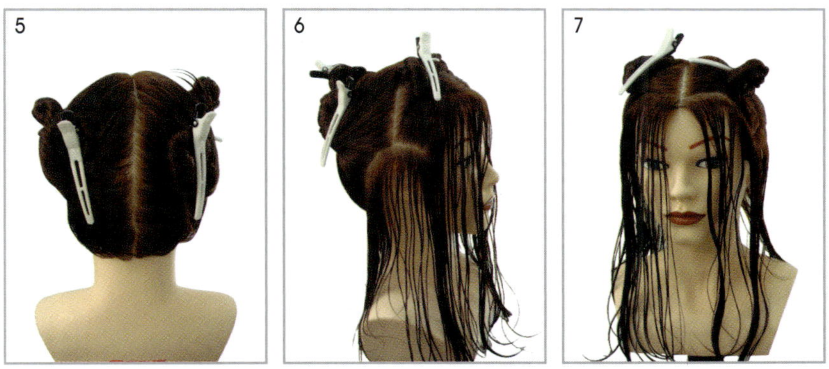

5~7. 정중선과 측중선으로 섹셔닝 한 다음 1cm 미만으로 헤어라인 파팅한다.

8~10. 정확한 커트를 위해 C.P, S.C.P, N.S.P에 가이드 모발을 설정한다.

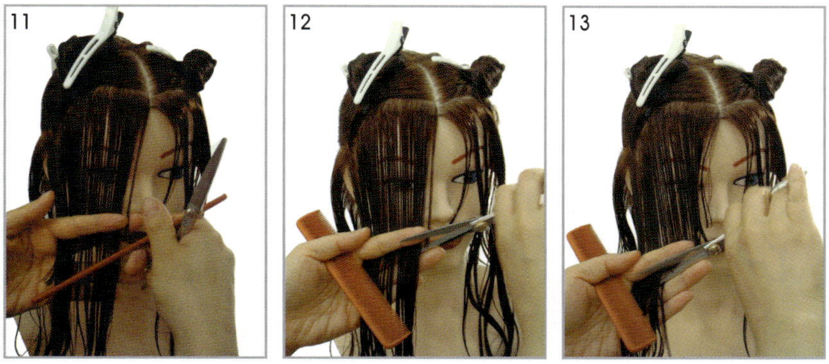

11~13. 빗살이 촘촘한 부분을 이용하여 C.P~ S.C.P 가이드 모발을 기준으로 직각 분배 한다. 이때 손가락은 파팅과 평행하고, 첫 가이드는 0°로 가위날이 수직이 되게 커트한다.

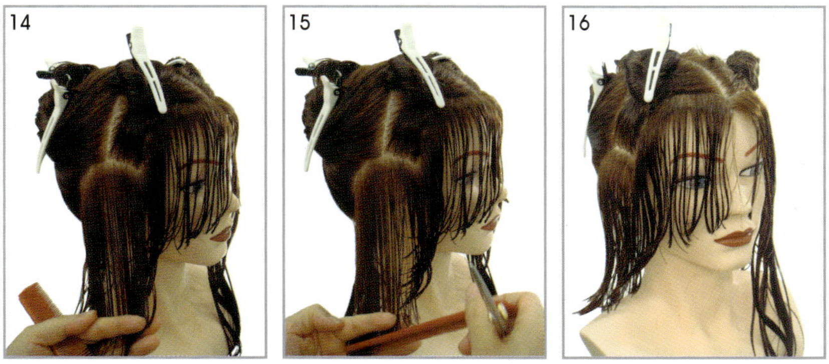

14~16. S.C.P~N.S.P의 가이드 모발을 연결하고 반대쪽의 모발도 동일한 방법으로 커트한다.

17~19. T.P에 가이드 모발을 설정한 후 피봇 파팅으로 페이스 라인의 가이드에 맞추어 90° 시술각 온더베이스, 이동가이드 라인으로 커트한다.

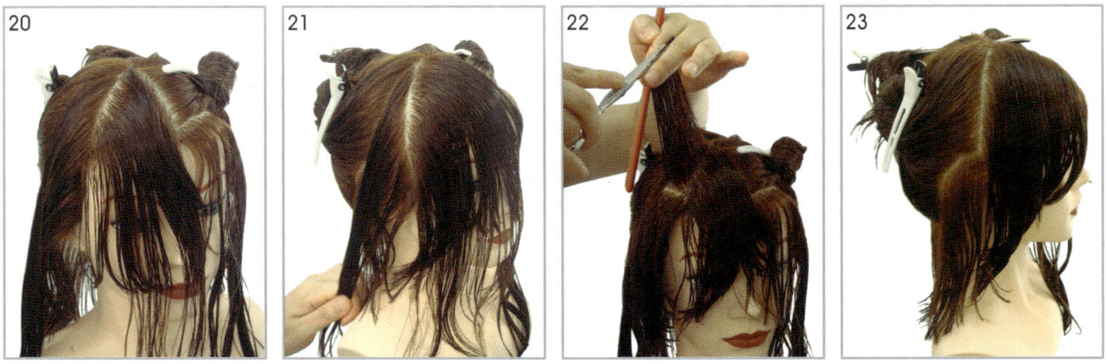

20~23. 정확한 피봇 파팅에 의한 동일한 방법으로 커트한다.

24~27. 크라운부분은 피봇 파팅으로 방사선 빗질하여 손등위로 아웃커트한다.

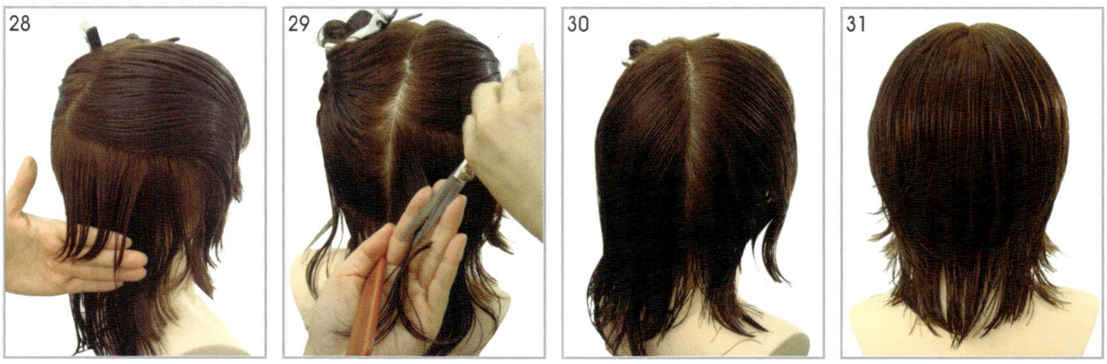

28~31. 두상곡면에 대한 90°를 유지하면서, 전체적으로 라운더 레이어이므로 어느 부분에서도 튀어나오는 모발이 없도록 체크한 후 마무리 한다.

제 10 장

구조그래픽의 이해

1. One-length + Medium Graduation
2. One-length + Uniform Layer
3. One-length + Increase Layer
4. Low Graduation + High Graduation + Uniform Layer
5. Medium Graduation + Uniform Layer + Medium Graduation
6. High Graduation + Uniform Layer + One-length
7. Increase Layer + Uniform Layer
8. Increase Layer + Medium Graduation
9. Uniform Layer + Increase Layer
10. One-length + Increase Layer + Uniform Layer + Increase Layer
11. Low Graduation + High Graduation + Uniform Layer + High Graduation
12. Increase Layer + Medium Graduation + One-length + Increase Layer + Medium Graduation

1. One-length + Medium Graduation

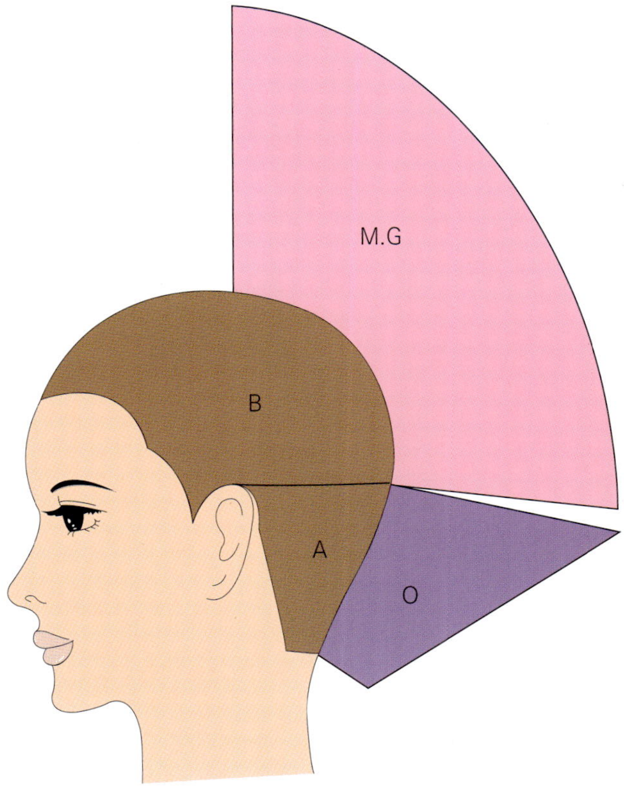

	A(One-length)	B(Medium Graduation)
섹셔닝	N.P~B.P	B.P~T.P
머리위치	똑바로	똑바로
파팅	수평	수직
분배	자연	변이
시술각	천체축 0°	천체축 30°~59°
손가락위치	평행	평행
가이드라인	고정	이동

2. One-length + Uniform Layer

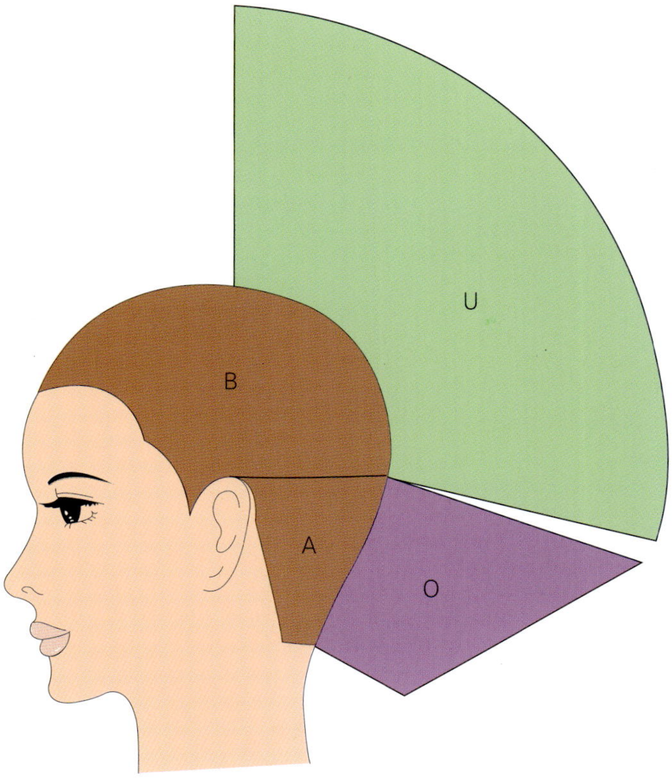

	A(One-length)	B(Uniform Layer)
섹셔닝	N.P~B.P	B.P~T.P
머리위치	똑바로	똑바로
파팅	수평	수직 & 피봇
분배	자연	직각
시술각	천체축 0°	두피 90°
손가락위치	평행	평행
가이드라인	고정	이동

3. One-length + Increase Layer

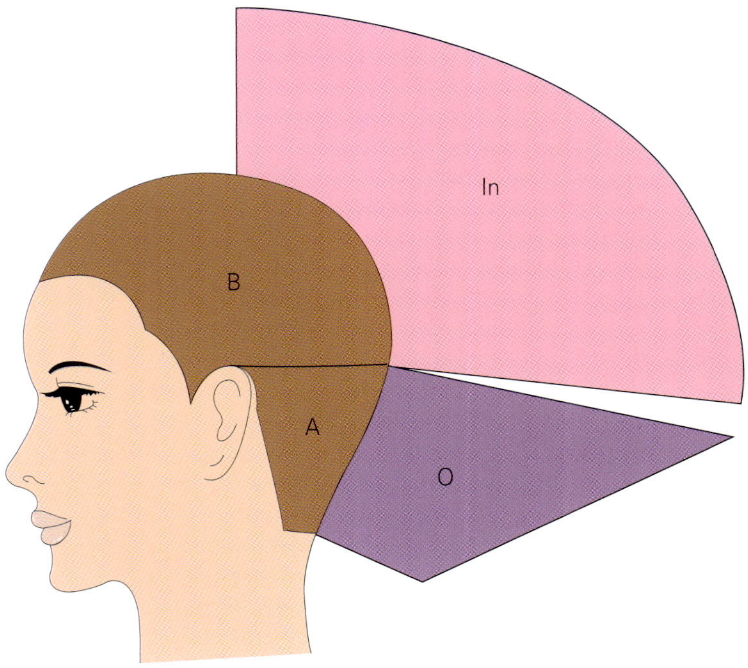

	A(One-length)	B(Increase Layer)
섹셔닝	N.P~B.P	B.P~T.P
머리위치	똑바로	앞숙임
파팅	수평	수직 & 피봇
분배	자연	변이
시술각	천체축 0°	두피 90° 이상
손가락위치	평행	비평행
가이드라인	고정	이동

4. Low Graduation + High Graduation + Uniform Layer

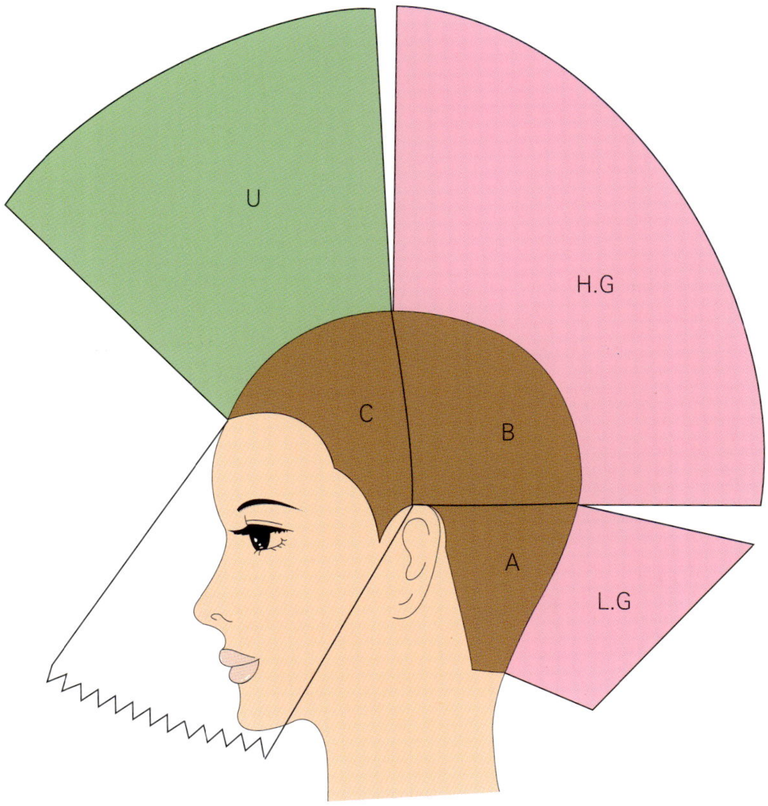

	A(Low Graduation)	B(High Graduation)	C(Uniform Layer)
섹셔닝	N.P~B.P	B.P~T.P	T.P~C.P
머리위치	앞숙임	앞숙임	똑바로
파팅	수평	수직 & 피봇	피봇
분배	직각	변이	직각
시술각	천체축 1°~29°	천체축 60°~89°	두피 90°
손가락위치	평행	비평행	평행
가이드라인	이동	이동	이동

5. Medium Graduation + Uniform Layer + Medium Graduation

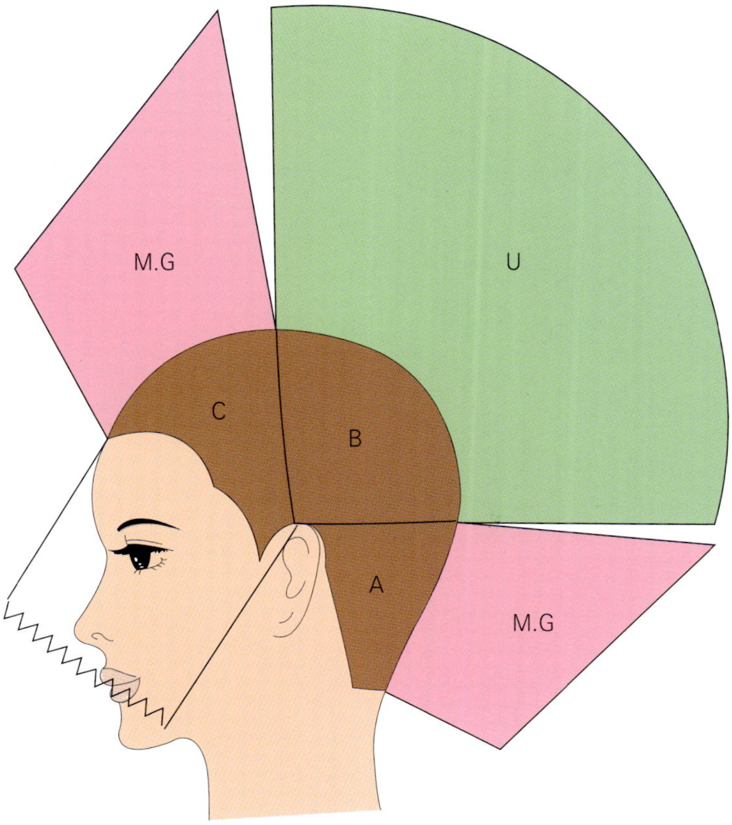

	A(Medium Graduation)	B(Uniform Layer)	C(Medium Graduation)
섹셔닝	N.P~B.P	B.P~T.P	T.P~C.P
머리위치	앞숙임	앞숙임	앞숙임
파팅	수직	수직 & 피봇	피봇
분배	변이	직각	변이
시술각	천체축 30˚~59˚	두피 90˚	천체축 30˚~59˚
손가락위치	비평행	평행	비평행
가이드라인	이동	이동	이동

6. High Graduation + Uniform Layer + One-length

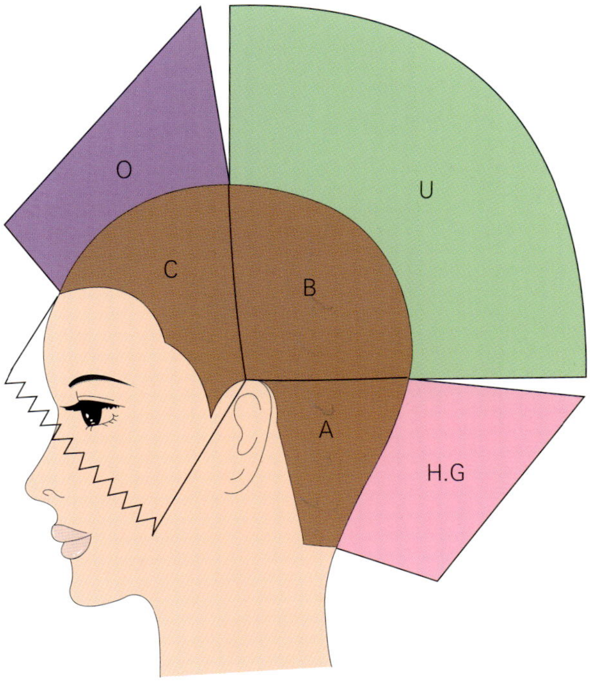

	A(High Graduation)	B(Uniform Layer)	C(One-length)
섹셔닝	N.P~B.P	B.P~T.P	T.P~C.P
머리위치	앞숙임	앞숙임	똑바로
파팅	수직	수직 & 피봇	수평
분배	변이	직각	자연
시술각	천체축 60°~89°	두피 90°	천체축 0°
손가락위치	비평행	평행	평행
가이드라인	이동	이동	고정

7. Increase Layer + Uniform Layer

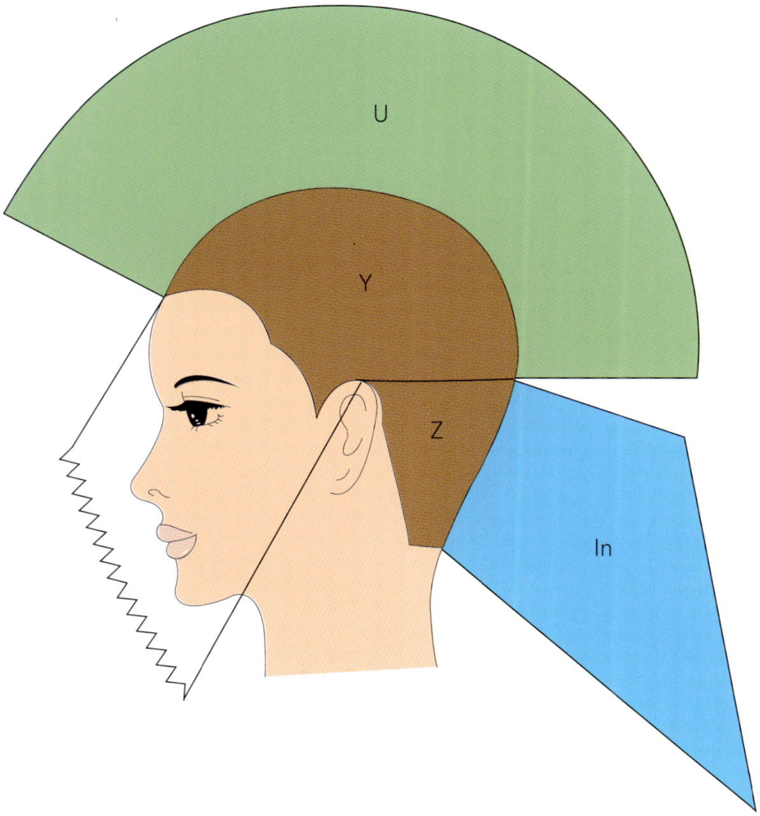

	Z(Increase Layer)	Y(Uniform Layer)
섹셔닝	N.P~B.P	B.P~C.P
머리위치	똑바로	똑바로
파팅	수직	수직 & 피봇
분배	변이	직각
시술각	두피 90° 이상	두피 90°
손가락위치	비평행	평행
가이드라인	이동	이동

8. Increase Layer + Medium Graduation

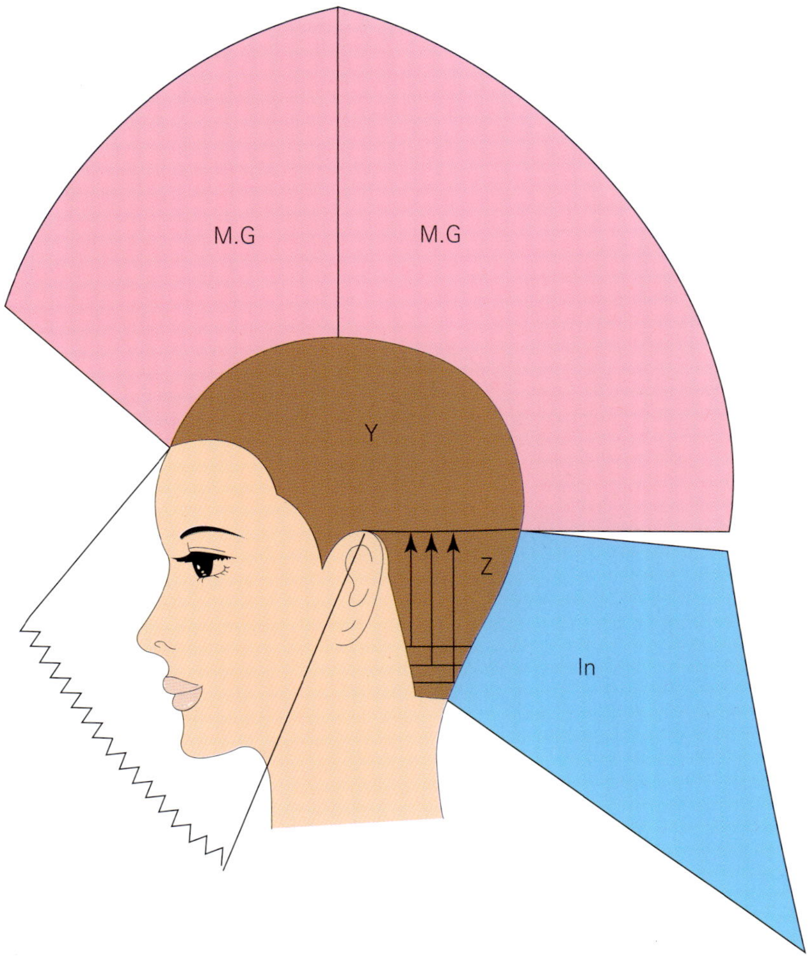

	Z(Increase Layer)	Y(Medium Graduation)
섹셔닝	N.P~B.P	B.P~C.P
머리위치	앞숙임	앞숙임
파팅	수평	수직 & 피봇
분배	직각	직각
시술각	천체축 90°	천체축 30°~59°
손가락위치	평행	비평행
가이드라인	고정	이동

9. Uniform Layer + Increase Layer

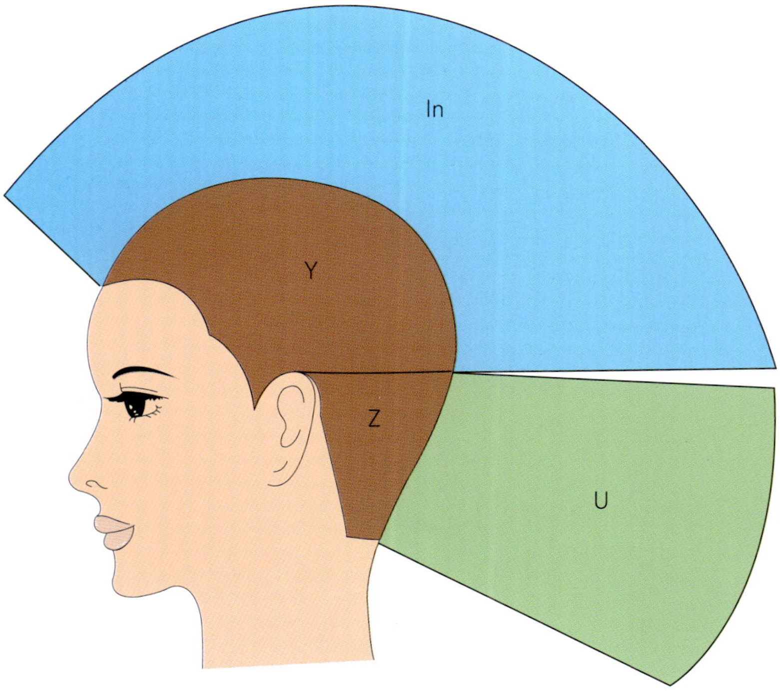

	Z(Uniform Layer)	Y(Increase Layer)
섹셔닝	N.P~B.P	B.P~C.P
머리위치	똑바로	똑바로
파팅	수직	수직 & 피봇
분배	직각	변이
시술각	두피 90°	두피 90° 이상
손가락위치	평행	비평행
가이드라인	이동	이동

10. One-length + Increase Layer + Uniform Layer + Increase Layer

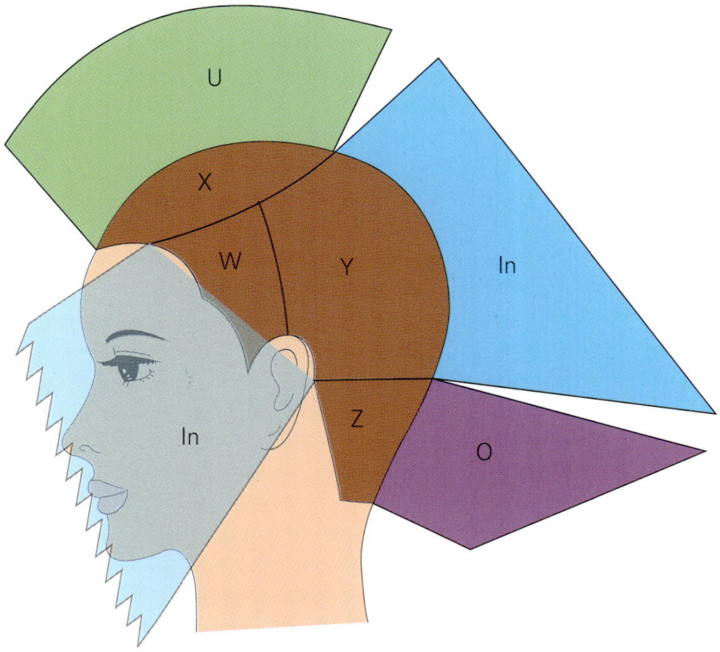

	Z(One-length)	Y(Increase Layer)	X(Uniform Layer)	W(Increase Layer)
섹셔닝	N.P~N.B.M.P	N.B.M.P~G.P	G.P~F.S.P	E.P~F.S.P
머리위치	똑바로	앞숙임	똑바로	앞숙임
파팅	수평	수직	피봇	수직
분배	자연	변이	직각	변이
시술각	천체축 0°	두피 90° 이상	두피 90°	두피 90° 이상
손가락위치	평행	비평행	평행	비평행
가이드라인	고정	이동	이동	이동

11. Low Graduation + High Graduation + Uniform Layer + High Graduation

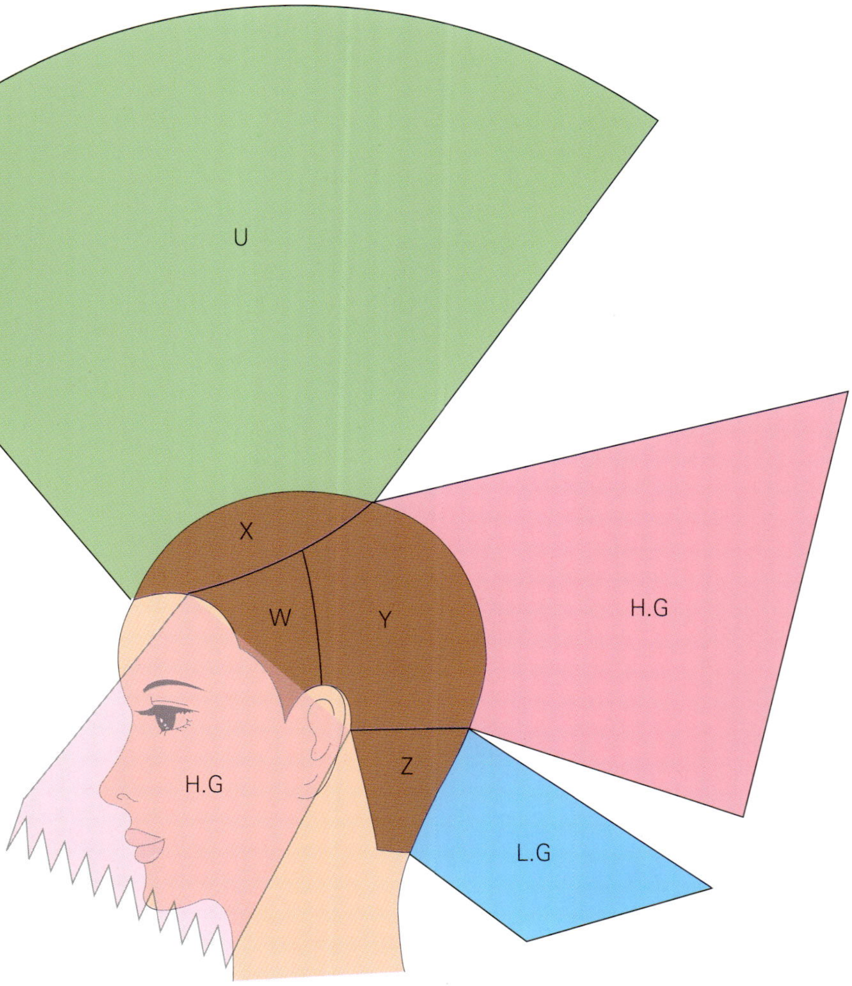

	Z(Low Graduation)	Y(High Graduation)	X(Uniform Layer)	W(High Graduation)
섹셔닝	N.P~N.B.M.P	N.B.M.P~G.P	G.P~F.S.P	E.P~F.S.P
머리위치	앞숙임	앞숙임	똑바로	똑바로
파팅	수평	수직	피봇	수직
분배	직각	변이	직각	변이
시술각	천체축 1°~29°	천체축 60°~89°	두피 90°	천체축 60°~89°
손가락위치	평행	비평행	평행	비평행
가이드라인	이동	이동	이동	이동

12. Increase Layer + Medium Graduation + One-length + Increase Layer + Medium Graduation

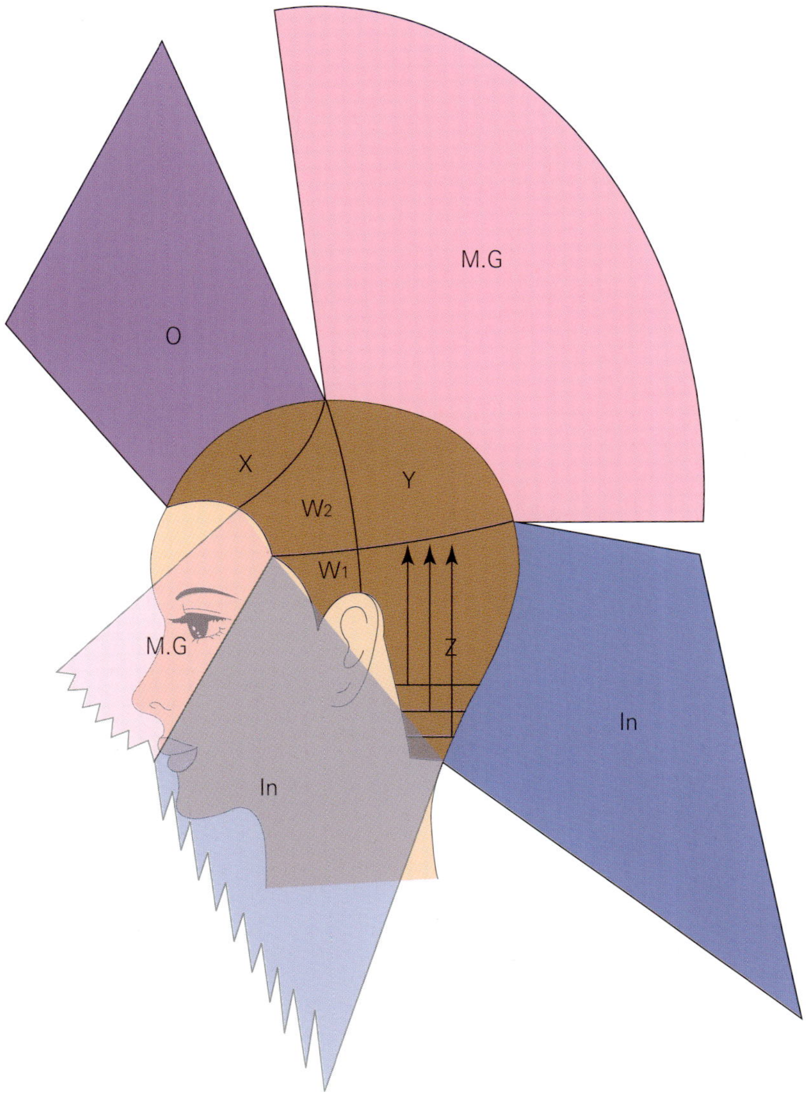

	Z (Increase Layer)	Y(Medium Graduation)	W_1 (Increase Layer)	W_2(Medium Graduation)	X (One-length)
섹셔닝	N.P~B.G.M.P~S.P	B.P.M.P~T.P~F.S.P	S.C.P~S.P	S.P~F.S.P	T.P~F.S.P
머리위치	앞숙임	똑바로	똑바로	똑바로	똑바로
파팅	수평	수직 & 피봇	수직	수직	수평
분배	직각	직각	변이	변이	자연
시술각	천체축 90°	천체축 30°~59°	두피 90° 이상	30~59°	천체축 0°
손가락위치	평행	비평행	비평행	비평행	평행
가이드라인	고정	이동	이동	이동	고정

부 록

용어정리

부록

용어정리

[ㄱ]

가이드(guide) : 가이드는 '안내하다'라는 뜻으로 헤어 커트시 기준이 되는 머리단을 말한다.

골든 포인트(golden point) : 턱 첫 단에서 E.P(ear point)의 연장선과 정중선이 만나는 점(황금점).

그래쥬에이션(gradaution) : 계단, 등급, 색조 상태가 서서히 변화하는 것으로 헤어커트에서는 미세한 머리카락을 쌓아 올림의 변화로 스타일을 창조해 가는 기법이며, 헤어스타일에 볼륨을 표현하기에 적합하다.

[ㄴ]

나칭(notching) : 머리길이를 불규칙하게 하여 두꺼운 질감을 위해 사용되는 기법

내츄럴 폴(natural fall) : 자연시술각, 중력에 따라 이루어지는 자연스러운 모발의 위치.

네이프(nape) : 목덜미.

네이프라인(nape line) : 모발이 나기 시작하는 선, hem line이라고도 한다.

[ㄷ]

다이애거널 라이트(diagonal Right) : 우대각, 오른쪽으로 향하는 대각선.

다이애거널 레프트(diagonal Left) : 좌대각, 왼쪽으로 향하는 대각선.

다이애거널 백(diagonal Back) : 후대각, 얼굴에서 멀어져 머리가 뒤쪽으로 흐르는 대각선.

다이애거널 포워드(diagonal Forward) : 전대각, 얼굴을 향하는 대각선.

다이애거널(diagonal) : 사선, 대각, 평면에 대해 사선을 이루는 line.

다이애거널섹션(diagonal section) : 사선 섹션.

두정골 : 대뇌를 덮고 있는 두개골, 돌출된 뒤통수 부위의 뼈.

드라이 커트(dry cut) : 모발이 건조한 상태에서 cut하는 것.

디렉션(direction) : 방향, 선이나 면이 취하는 길.

디스커넥션(disconnect) : line이 연결되지 않은 style. 길이가 연결되지 않으면서 전체적인 균형을 이룬다.

디스트리부션(distribution) : 분배, 빗질방향, 기본 파팅에 따른 머리 빗질 방향을 말한다.

[ㄹ]

로우 그라데이션(low gradaution) : 엘레베이션 커트(elevation cut)에서는 모발의 시술각이 30° 이상 올리지 않는 것을 로우 그래쥬에이션이라 하고 햄 라인에 안정감이 있는 헤어스타일이 된다.

리지라인(Ridge Line) : 능선, 그레쥬에이션형에서 두가지 머리 질감을 나누어주는 선.

[ㅁ]

무게선(weight line) : 무게감이 나타나는 선.

[ㅂ]

백(back) : 후방, 뒷면, 두부의 crown과 nape 사이.

백워드(backward) : 앞에서 뒤로.

밸런스(Balance) : 균형, 디자인 요소들 간의 평형, 각 부분을 조화롭게 비례를 맞추는 것.

버티컬(Vertical) : 수직의, 수평선에 직각.

버티컬섹션(vertical section) : 세로 섹션.

버티컬슬라이스(vertical slice) : 세로 슬라이스.

베이스(base) : 판넬의 한 쪽 면, 다른 한 쪽의 판넬을 어떤 각도로 커트할 지에 따라 길이를 조절할 수 있다.

보브(bob) : 모발을 빗어서 동일선상에서 커트한 스타일로 이사도라, 스파니엘, 머쉬룸 등의 스타일이 있다.

브로킹(blocking) : 정확한 작업을 위하여 두상에 구획을 나누는 것.

비쥬얼(visual) : 시각적.

비쥬얼체크(visual check) : 커트의 형태가 정확한지 눈으로 체크하는 것.

[ㅅ]

사이드 번(Side burn) : 구렛나루.

사이드(side) : 옆면, 측면.

사이드베이스커트(side base cut) : 점점 길게 또는 점점 짧게 cut하기 위해, 베이스의 왼쪽, 오른쪽, 위 또는 아래 한 쪽을 직각으로 cut하는 방법.

섹션(Section) : 두상을 시술하기 편한 구역으로 나누는 것.

쉐이프(shape) : 모양, 형상.

쉐이핑(shaping) : 빗으로 빗질하여 형태를 만드는 것.

스퀘어 커트(square cut) : 각지게 cut하는 기법으로 전체 cut line이 네모상자의 형태를 띰.

슬라이드 커팅(Slide Cutting) : 가위를 미끄러뜨려 사용하는 커트 기법.

슬라이스(slice) : 일면, 일부분, 일정량의 모발을 얇게 뜨는 것.

슬라이싱(Slicing) : 가위를 벌려 미끄러지듯 움직여 질감을 만드는 기법.

씨메트리(Symmetry) : 대칭, 균형 잡힌 혹은 조화로운 배열.

[ㅇ]

아웃디렉션(over direction) : 90°를 벗어난 모든 각도, 모발이 자란 방향에서 벗어남.

아웃라인(out-line) : 헤어스타일의 바깥라인.

아웃커트(out-cut) : 가위가 밖으로 향한다.

아킹(Arcing) : 호를 그리는 동장으로 머리를 커트하는 레져 커트기법, 아크의 크기는 원하는 머리형과 커트 길이와 관련된다.

어시메트리(Asymmetry) : 비대칭, 중앙에서 벗어난 균형, 비율이 동일하지 않은 헤어스타일.

에칭(Etching) : 레져로 짧게 긁듯이 머리를 커트하는 레져 커트 기법.

엑스테리어(Exterior) : 크레스트를 기준으로 두상의 외부.

엔글(angle) : 각각의 머리 다발(panel)을 드는 각도.

오프드베이스(off the base) : panel을 떠서 그 base에서 벗어나서 cut 하는 방법.

옥시피탈본(occipital bone) : 후두골.

온더베이스(on the base) : panel을 떠서 그 base의 중심을 직각으로 잡아 cut하는 방법.

원랭스(one-length) : 모발이 자라난 방향에서 떨어졌을 때 한 line, 즉 guide line에서 만남.

웨이트(weight) : 무게감.

유니폼 레이어(uniform layer) : 두상전체의 모발길이가 같은 헤어커트.

이어 투 이어(ear to ear) : 두상에서 귀에서 톱 포인트와 반대편 귀로 연결하는 선. 여기서 나누는 것을 E.E.P(ear to ear)라고 한다.

인크리스레이어 커트(increse layer cut) : 커트 시 시술각이 90° 이상으로 커트하여 손질하기가 쉽고 모발의 흐름과 움직임이 큰 가벼움을 나타낸다. 젊은 층에서부터 노년층에 이르기까지 넓게 수용되고 있다. 두상상부의 모발이가 짧고 하부의 모발은 길게 표현된다.

인테리어(Interior) : 크레스트를 기준으로 두상의 내부.

[ㅈ]

정중선(center line) : 머리를 한 가운데로 나눈 선.

[ㅊ]

체크 커트(check cut) : 커트가 완료된 후 점검하는 커트.

[ㅋ]

컨벡스(Convex) : 볼록 곡선, 구의 표면과 같이 바깥쪽으로 휘어진 모양.

컨케이브(Concave) : 오목 곡선, 구의 내부처럼 안쪽으로 휘어진 모양.

컨트라스트(Contrast) : 대조, 반대적 요소의 바람직한 관계.

코너(corner) : 모, 구석이라는 뜻. 커트할 때 쓰는 코너는 각 섹션이 접속하는 상하 좌우의 판넬과 섹션의 만나는 점.

코밍(combing) : 머리카락을 빗으로 빗는 것.

콤 컨트롤(Comb Control) : 커트 기법의 하나로 손가락이 아닌 빗살로 모발을 조절하는 기법, 모발에 최소한의 텐션을 줌.

크라운(crown) : 모든 물체의 최정상부, 왕관의 주위부분.

크레스트 에어리어(Crest Area) : 두상의 가장 넓은 구역.

크로스 체크(Cross Check) : 원래 파팅 패턴의 반대 패턴을 사용하여 커트의 정확도를 점검하는 커트의 마지막 단계.

[ㅌ]

탑(top) : 정점. 두상에서 최고 높은 부분.

테이퍼링(tapering) : 붓 끝처럼 모발 끝으로 갈수록 점차 가늘게 cut하는 방법.

텍스춰(texture) : 질감, 표면의 시각적인 모습이나 느낌.

템플에어리어(temple area) : 관자놀이 부위. 움푹 들어가 있는 부분이므로 cut에 주위를 요하는 부위.

트리밍(trimming) : 정돈이나 다듬는 것으로 모발 끝 부분을 가볍게 정리하는 것

틴닝(thinning) : 모발 숱을 정리하여 모발의 양을 줄이는 것.

[ㅍ]

파라렐디스퓨리젼(Parallel Distribution) : 평행분배, 머리를 여러 시작점에서 분배하는 것.

파팅(Parting) : 커트시 머리를 나누어 분배하고 조절해주기 위한 섹션을 소섹션으로 나누어 주는 선을 말한다.

판넬(panel) : 한 장의 판과 같이 떠낸 머리 다발.

포워드(forward) : 앞방향, 뒤에서 앞으로.

포인팅(Pointing) : 가위 끝이 손가락에 머리끝을 향해 움직이는 질감을 만들기 위한 기법.

폼(Form) : 형태, 디자인의 외형이나 윤곽선, 3차원 모양.

프로젝핑거 포지선(Finger Position) : 파팅 패턴에 따른 손가락과 커트라인의 위치.

프론트(front) : 정면, 전두부.

프린지(fringe) : 앞으로 내리는 머리.

프린지(Fringe) : 이마를 부분적으로 또는 완전히 덮는 머리.

피봇트(pivot) : 방사선.

[ㅎ]

하이 그래쥬에이션(high gradution) : 단차가 강한 그라데이션 커트를 말한다. 엘레베이션의 경우는 모발의 판넬을 두피에 대해서 60~89˚로 커트한다.

헤드포지션(Head Position) : 머리위치, 커트 시 고객의 머리 위치.

헤어 텍스쳐(hair texture) : 모발의 질감.

헤어라인(hair line) : 헤어의 바깥 라인, 발제선.

호리존탈 섹션(horizontal section) : 가로섹션.

호리존탈(horizontal) : 수평, 가로 방향.

참고문헌

미용미학과 미용문화사, 전성정외, 청구문화사, 2001

미용학개론, 권태신외, 청구문화사, 2007

헤어하이레벨 미용장, 오영애외, 푸른 출판사, 2005

ABC(cutting hair the sassoon way), Vidal sassoon

Basic hair cut, 최유식외, 학문사, 2004

HAIR SCULPTURE LADIES, PIVOT POINT

La Coupe, 조정혜외, 훈민사, 2004

Hair Cut Design,조성태외, 청구문화사, 2004

VIDAL SASSOON

찾아보기

Index

Scalp Hair Cut Ⅰ

2009년 3월 20일 초판발행
2010년 3월 10일 초판2쇄발행
2013년 3월 10일 초판3쇄발행
2015년 3월 10일 개정판발행
2020년 3월 10일 개정판2쇄발행

지은이 : 진태연, 손지연, 조성태, 곽형심, 윤복연
펴낸이 : 이상태
펴낸곳 : 청구문화사
주　소 : (120-831)서울특별시 서대문구 성산로 11길 15
전　화 : 02-332-0541(代)　FAX : 02-337-9577
등　록 : 1990년 11월 2일 제9-247호

가격 25,000원

ISBN 978-89-5616-637-7 93590